HUODIANCHANG DAQIWURANWU
PAIFANG CESHI JISHU

火电厂大气污染物排放测试技术

内蒙古电力科学研究院 ■ 编著

中国电力出版社

CHINA ELECTRIC POWER PRESS

内 容 提 要

本书以火电厂大气污染物测试技术为出发点，将不同污染物的在线测试方法和离线测试方法进行分析比对，分析各种测试方法的原理，并给出了不同测试仪器、不同测试方法的优势和劣势。

本书从固定污染源烟气排放连续监测系统和现场污染物测试仪器的实际应用角度出发，汇总了目前我国 CEMS 仪器设备和污染物测试仪器的技术现状及应用情况，系统介绍了不同原理 CEMS 仪器设备和污染物测试仪器的结构、各组成部分及其现场应用的环境特点和使用现状；依据目前对仪器设备应用的环境管理要求，结合当前对污染源监测的技术需求和污染现状，探讨了未来我国 CEMS 监测技术和污染物排放测试技术的发展方向和技术研究等内容。

本书从介绍不同原理仪器设备的结构特点和应用需求入手，着重描述仪器设备的应用范围、新技术特点及其必不可少的各方面质量保证和质量措施，为进一步推动仪器设备研发、生产、安装、使用等各个环节的质量控制要求，以及仪器设备的技术进步和数据使用提供重要支撑。本书可供从事火电厂大气污染物排放测试方面的工作人员参考使用。

图书在版编目（CIP）数据

火电厂大气污染物排放测试技术/内蒙古电力科学研究院编著. —北京：中国电力出版社，2017.9
ISBN 978 - 7 - 5198 - 1073 - 3

Ⅰ.①火⋯　Ⅱ.①内⋯　Ⅲ.①火电厂－大气污染物－排污量－测试技术　Ⅳ.①X773

中国版本图书馆 CIP 数据核字（2017）第 197486 号

出版发行：中国电力出版社
地　　址：北京市东城区北京站西街 19 号（邮政编码 100005）
网　　址：http://www.cepp.sgcc.com.cn
责任编辑：杨　帆
责任校对：马　宁
装帧设计：赵姗姗
责任印制：蔺义舟

印　　刷：北京市同江印刷厂
版　　次：2017 年 9 月第一版
印　　次：2017 年 9 月北京第一次印刷
开　　本：787 毫米×1092 毫米　16 开本
印　　张：13.5
字　　数：289 千字
印　　数：0001－2000 册
定　　价：49.00 元

火电厂大气污染物排放测试技术

　　2015 年底，环境保护部、国家发展改革委、国家能源局联合发布了《全面实施燃煤电厂超低排放和节能改造工作方案》，明确要求 2020 年前对燃煤机组全面实施超低排放和节能改造。《全面实施燃煤电厂超低排放和节能改造工作方案》中提出"全面实施燃煤电厂超低排放和节能改造是一项重要的国家专项行动，既有利于节能减排、促进绿色发展、增添民生福祉，又有利于扩大投资、促进煤电产业转型升级、相关装备制造业走出去"。《全面实施燃煤电厂超低排放和节能改造工作方案》中要求"到 2020 年，全国所有具备改造条件的燃煤电厂力争实现超低排放（即在基准氧含量 6％条件下，烟尘、二氧化硫、氮氧化物排放浓度分别不高于 10、35、50mg/m³）。全国有条件的新建燃煤发电机组达到超低排放水平"。2016 年初的政府工作报告中提出，重拳治理大气雾霾和水污染，二氧化硫、氮氧化物排放量分别下降 3％，全面实施燃煤电厂超低排放和节能改造。火电厂大气污染物的超低浓度要求，对于相关的污染物测试技术来说既是一次创新的机会，也是一次严峻的挑战，如何在超低浓度下控制其自身误差、保持其重复性和稳定性，是每一种污染物测试技术都面临的考验。

　　2016 年底，为贯彻落实《关于加快推进生态文明建设的意见》和《国家创新驱动发展战略纲要》，提升环境科技创新能力，环境保护部和科学技术部印发了《国家环境保护"十三五"科技发展规划纲要》。纲要中提出："开展环境监测任务优化研究，以需求导向性的监测指标体系为基础，构建多手段复合型的监测业务技术体系。开展覆盖环境监测全过程的质控体系研究，重点研究健全现场采样与现场监测质量保证和质量控制（QA/QC）技术体系，解决现场质控手段薄弱问题。"《国家环境保护"十三五"科技发展规划纲要》中对环境监测优化的要求和对质控体系的重视，也正是各种火电厂大气污染物测试技术面临的实际问题。

　　固定污染源烟气排放连续监测系统和现场污染物测试仪器，是火电厂监测烟气污染物排放的现代化工具，可连续、非连续监测污染物的排放浓度和排放总量，能为我国污染物排放总量控制计划及酸雨控制计划的实施提供强有力的保障，为排污收费制度的实施提供科学的定量依据，是环境管理、环境监测、排污收费、污染物治理的可靠技术工具。

本书共分十一章。第一章介绍了目前火电厂大气污染物的产生原因及组成，并对其相关情况进行了介绍；第二章详细介绍了 CEMS 烟气固定污染源烟气排放连续监测系统，包括其系统组成和主要的设计理念；第三～十一章分别介绍了 O_2、SO_2、NO_x、烟尘、SO_3、NH_3、Hg、CO、烟气湿度的测试技术，分析了相应技术在工程应用中的优点和问题，并结合工程案例，分析了各项测试技术的实用性，为实际工程中的技术、设备甄选提供了依据。

本书在编写过程中，得到了内蒙古电力（集团）有限责任公司相关领导、内蒙古电力科学研究院领导和同事的大力支持、帮助以及自筹科技项目资金的资助（电科院〔2017〕1 号、电科院〔2015〕46 号）；内蒙古电力科学研究院的张铭、李浩杰、张志勇、沈建军、吴宇、李霞、贺帅等同志参与了现场测试试验，在此对他们表示真挚的谢意！

除了本书所列的参考文献外，编者在编写书稿过程中还参阅了许多近年来我国电力、环保、化工等领域专家及专业技术人员撰写的报告、文献、总结资料，恕难一一详列，在此一并向各位专家、同仁致谢！

限于编者水平，书中难免存在疏漏和不足之处，恳请读者批评指正！

编委会

2017 年 7 月

目 录

火电厂大气污染物排放测试技术

第一章

火电厂大气污染物的产生

第一节　火电厂大气污染物的来源

　　煤作为主要的化石燃料，在世界各国能源供应中占有重要地位。我国是世界上最大的煤炭生产和消费国，也是世界上为数不多的以煤炭为主要一次能源的国家之一，煤炭的低效利用和由燃烧造成的环境污染一直是制约我国可持续发展的最重要的因素之一。我国电力生产主要以燃煤机组为主，煤炭在火力发电构成中占 90％以上。火电厂以煤作为主要原料，煤燃烧产生热量，通过一系列的能量转化，最终将热能转化为电能。我国目前发电用煤燃用的基本上是没有经过洗选的动力煤，煤质较差，煤燃烧过程中形成并释放了大量大气污染物，致使火力发电行业成为我国 SO_2、NO_x、烟尘、CO_2 等大气污染物的主要排放源，此外，火电厂生产环节中还会产生粉尘、噪声、电磁辐射、废水、废渣等环境污染物。

　　煤是由具有多种结构形式的有机物和不同种类的矿物质组成的混合物。煤的组成指的是岩相组成和化学组成。

　　从化学观点来看，煤是由有机组分和无机组分组成的，以有机质为主体。无机组分主要包括黏土矿物、石英、方解石、石膏、黄铁矿等矿物质和水。有机组分主要是由碳、氢、氧、氮、硫等元素构成的复杂的高分子有机化合物的混合物。煤中存在的元素有数十种之多，但通常所指的煤的元素组成主要是五种元素，即碳、氢、氧、氮和硫，其中，碳、氢、氧占有机质的 95％以上。此外，还有极少量的磷和其他含量很少，种类繁多的其他元素，一般不作为煤的元素组成，而只当作煤中伴生元素或微量元素。通常，主要用工业分析和元素分析方法来分析煤的主要成分和研究煤的性质。

　　1. 煤中的碳

　　一般认为，煤是由带脂肪侧链的大芳环和稠环组成的。这些稠环的骨架是由碳元素构成的。因此，碳元素是组成煤的有机高分子的最主要元素。同时，煤中还存在着少量的无机碳，主要来自碳酸盐类矿物，如石灰岩和方解石等。碳含量随煤化度的升高而增加。在我国泥炭中干燥无灰基碳含量为 55％～62％；成为褐煤以后碳含量就增加到 60％～76.5％；烟煤的碳含量为 77％～92.7％；一直到高变质的无烟煤，碳含量为

88.98％。个别煤化度更高的无烟煤，其碳含量多在 90％以上，整个成煤过程，也可以说是增碳的过程。

2. 煤中的氢

氢是煤中第二个重要的组成元素。除有机氢外，在煤的矿物质中也含有少量的无机氢。它主要存在于矿物质的结晶水中，如高岭土（$Al_2O_3 \cdot 2SiO_2 \cdot 2H_2O$）、石膏（$CaSO_4 \cdot 2H_2O$）等都含有结晶水。在煤的整个变质过程中，随着煤化度的加深，氢含量逐渐减少，煤化度低的煤，氢含量大；煤化度高的煤，氢含量小。总的规律是氢含量随碳含量的增加而降低。尤其在无烟煤阶段就尤为明显。当碳含量由 92％增至 98％时，氢含量则由 2.1％降到 1％以下。通常是碳含量在 80％～86％之间时，氢含量最高。即在烟煤的气煤、气肥煤段，氢含量能高达 6.5％。在碳含量为 65％～80％的褐煤和长焰煤段，氢含量多数小于 6％。但变化趋势仍是随着碳含量的增大而氢含量减小。

3. 煤中的氧

氧是煤中第三个重要的组成元素。它以有机和无机两种状态存在。有机氧主要存在于含氧官能团，如羧基（—COOH）、羟基（—OH）和甲氧基（—OCH₃）等；无机氧主要存在于煤中水分、硅酸盐、碳酸盐、硫酸盐和氧化物等中。煤中有机氧随煤化度的加深而减少，甚至趋于消失。褐煤在干燥无灰基碳含量小于 70％时，其氧含量可高达 20％以上。烟煤碳含量在 85％附近时，氧含量几乎都小于 10％。当无烟煤碳含量在 92％以上时，其氧含量都降至 5％以下。

4. 煤中的氮

煤中的氮含量比较少，一般为 0.5％～3.0％。氮是煤中唯一的完全以有机状态存在的元素。煤中有机氮化物被认为是比较稳定的杂环和复杂的非环结构的化合物，其原生物可能是动、植物脂肪。植物中的植物碱、叶绿素和其他组织的环状结构中都含有氮，而且相当稳定，在煤化过程中不发生变化，成为煤中保留的氮化物。以蛋白质形态存在的氮，仅在泥炭和褐煤中发现，在烟煤中很少，几乎没有发现。煤中氮含量随煤的变质程度的加深而减少。它与氢含量的关系是，随氢含量的增高而增高。

5. 煤中的硫

煤中的硫分是有害杂质，它能使钢铁热脆、设备腐蚀、燃烧时生成的二氧化硫（SO_2）污染大气，危害动、植物生长及人类健康。所以，硫分含量是评价煤质的重要指标之一。煤中含硫量的多少，是与煤化度的深浅没有明显关系的，无论是变质程度高的煤或变质程度低的煤，都存在着或多或少的有机硫。煤中硫分的多少与成煤时的古地理环境有密切的关系。在内陆环境或滨海三角洲平原环境下形成的和在海陆相交替沉积的煤层或浅海相沉积的煤层，煤中的硫含量就比较高，且大部分为有机硫。根据煤中硫的存在形态，一般分为有机硫和无机硫两大类。各种形态的硫分的总和称为全硫分。所谓有机硫，是指与煤的有机结构相结合的硫。有机硫主要来自成煤植物中的蛋白质和微生物的蛋白质。无机硫主要来自矿物质中各种含硫化合物，一般又分为硫化物硫和硫酸盐硫两种，有时也有微量的单质硫。硫化物硫主要以黄铁矿为主，其次为白铁矿、磁铁矿（Fe_3O_4）、闪锌矿（ZnS）、方铅矿（PbS）等。硫酸盐硫主要以石膏（$CaSO_4 \cdot$

$2H_2O$）为主，也有少量的绿矾（$FeSO_4 \cdot 7H_2O$）等。

发电厂煤质化验分析的一般步骤：采样—破碎—干燥—制样—实验分析，化验流程如图 1-1 所示。

煤的元素分析是对煤中的元素含量进行检测和分析（一般用质量百分数表示），包括常规的 C、H、O、N、S、Al、Si、Fe、Ca 等元素质量百分比含量，还可检测煤中的痕量元素包括 Ti、Na、K 等。根据使用目的不同，元素分析又可分为应用基（收到基 W_y）、分析基（空干基 W_f）、干燥基、可燃基（干燥无灰基）。而工业分析可得到煤中水分、挥发分、固定碳、灰分质量百分比含量以及煤的发热量。煤的元素分析（各基准）和工业分析的对应关系如图 1-2 所示。

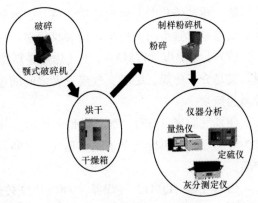

图 1-1　发电厂煤质化验流程

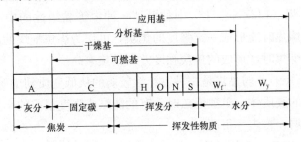

图 1-2　煤的元素分析（各基准）和工业分析的对应关系

烟煤比较复杂，按挥发分分为 4 个档次，即 V_{daf} 为 10%～20%、20%～28%、28%～37% 和 37% 以上，分为低、中、中高和高四种挥发分烟煤。按黏结性可以分为 5 个或 6 个档次，即 GR. I.（烟煤黏结指数）为 0～5，称为不黏结或弱黏结煤；GR. I. 为 5～20，称弱黏结煤；GR. I. 为 20～50，称为中等偏弱黏结煤；GR. I. 为 50～65，称为中等偏强黏结煤；GR. I. 大于 65，称为强黏结煤。各类煤的基本特征如下：

（1）无烟煤（WY）。无烟煤固定碳含量高，挥发分产率低，密度大，硬度大，燃点高，燃烧时不冒烟。

（2）贫煤（PM）。贫煤是煤化度最高的一种烟煤，不黏结或微具黏结性。在层状炼焦炉中不结焦。燃烧时火焰短，耐烧。

（3）贫瘦煤（PS）。贫瘦煤是高变质、低挥发分、弱黏结性的一种烟煤。结焦较典型瘦煤差，单独炼焦时，生成的焦粉较多。

（4）瘦煤（SM）。瘦煤是低挥发分的中等黏结性的炼焦用煤。在炼焦时能产生一定量的胶质体。单独炼焦时，能得到块度大、裂纹少、抗碎性较好的焦炭，但焦炭的耐磨性较差。

（5）焦煤（JM）。焦煤是中等及低挥发分的中等黏结性及强黏结性的一种烟煤。加热时能产生热稳定性很高的胶质体。单独炼焦时能得到块度大、裂纹少、抗碎强度高的焦炭，其耐磨性也好。但单独炼焦时，产生的膨胀压力大，使推焦困难。

（6）肥煤（FM）。肥煤是低、中、高挥发分的强黏结性烟煤。加热时能产生大量的胶质体。单独炼焦时能生成熔融性好、强度较高的焦炭，其耐磨性有的也较焦煤焦炭为优。缺点是单独炼出的焦炭，横裂纹较多，焦根部分常有蜂焦。

（7）1/3 焦煤（1/3JM）。1/3 焦煤是新煤种，它是中高挥发分、强黏结性的一种烟煤，又是介于焦煤、肥煤、气煤三者之间的过渡煤。单独炼焦能生成熔融性较好、强度较高的焦炭。

（8）气肥煤（QF）。气肥煤是一种挥发分和胶质层都很高的强黏结性肥煤类，有的称为液肥煤。炼焦性能介于肥煤和气煤之间，单独炼焦时能产生大量的气体和液体化学产品。

（9）气煤（QM）。气煤是一种煤化度较浅的炼焦用煤。加热时能产生较高的挥发分和较多的焦油。胶质体的热稳定性低于肥煤，能够单独炼焦。但焦炭多呈细长条而易碎，有较多的纵裂纹，因而焦炭的抗碎强度和耐磨强度均较其他炼焦煤差。

（10）1/2 中黏煤（1/2ZN）。1/2 中黏煤是一种中等黏结性的中高挥发分烟煤。其中有一部分在单独炼焦时能形成一定强度的焦炭，可作为炼焦配煤的原料。黏结性较差的一部分煤在单独炼焦时，形成的焦炭强度差，粉焦率高。

（11）弱黏煤（RN）。弱黏煤是一种黏结性较弱的从低变质到中等变质程度的烟煤。加热时，产生较少的胶质体。单独炼焦时，有的能结成强度很差的小焦块，有的则只有少部分凝结成碎焦屑，粉焦率很高。

（12）不黏煤（BN）。不黏煤是一种在成煤初期已经受到相当氧化作用的低变质程度到中等变质程度的烟煤。加热时，基本上不产生胶质体。煤的水分大，有的还含有一定的次生腐植酸，含氧量较多，有的高达 10% 以上。

（13）长焰煤（CY）。长焰煤是变质程度最低的一种烟煤，从无黏结性到弱黏结性的都有。其中最年轻的还含有一定数量的腐植酸。贮存时易风化碎裂。煤化度较高的年老煤，加热时能产生一定量的胶质体。单独炼焦时也能结成细小的长条形焦炭，但强度极差，粉焦率很高。

（14）褐煤（HM）。褐煤分为透光率 $P_m < 30\%$ 的年轻褐煤和 P_m 为 $30\% \sim 50\%$ 的年老褐煤两小类。褐煤的特点：含水分大，密度较小，无黏结性，并含有不同数量的腐植酸，煤中氧含量高，常达 $15\% \sim 30\%$。化学反应性强，热稳定性差，块煤加热时破碎严重。存放空气中易风化变质、破碎成小块甚至粉末状。发热量低，煤灰熔点也低，其灰中含有较多的 CaO，而有较少的 Al_2O_3。

第二节　煤燃烧过程中污染物的形成

高耗低效的燃煤方式是造成煤烟型大气污染的主要原因。燃煤造成的污染占我国烟尘排放的 70%、SO_2 排放的 85%、NO_x 排放的 67% 以及 CO_2 排放的 80%。

一、煤燃烧过程中环境污染物的形成过程

煤粉燃烧过程是一个以煤的热解、挥发分燃烧、焦炭燃烧为主复合而成的复杂化学反应过程。

1. 二氧化硫、三氧化硫的形成过程

硫在煤中以无机硫和有机硫两种形态存在。无机硫包括元素硫、硫化物硫和硫酸盐硫。元素硫、硫化物硫和有机硫为可燃性硫（为 $80\%\sim90\%$），硫酸盐硫是非可燃性硫，不参与燃烧反应，多残存于灰烬中。

可燃性硫在煤炭燃烧时生成二氧化硫，其中 $1\%\sim5\%$ 氧化为 SO_3，其主要化学反应式如下。

单体硫燃烧：

$$S + O_2 == SO_2$$
$$2SO_2 + O_2 == 2SO_3$$

硫铁矿的燃烧：

$$4FeS_2 + 11O_2 == 2Fe_2O_3 + 8SO_2$$

硫醚等有机硫燃烧：

$$(CH_3CH_2)_2S == H_2S + 2H_2 + 2C + C_2H_4$$
$$2H_2S + 3O_2 == 2SO_2 + 2H_2O$$

2. 氮氧化物的形成过程

火力发电机组按照常规燃烧方式产生的氮氧化物主要包括：一氧化氮、二氧化氮以及少量氧化二氮，其中一氧化氮占 90% 以上，二氧化氮占 5% 左右，氧化二氮占 1% 左右。

煤炭燃烧产生氮氧化物的机理主要有三个方面：

（1）热力型氮氧化物（约占氮氧化物总生成量的 20%）。煤燃烧所用空气中的氮气和氧气在高温条件下反应生成氮氧化物。氮气浓度、氧气浓度、停留时间、温度是影响热力型氮氧化物生成的主要因素。其化学反应式如下：

$$N_2 + O_2 == 2NO$$
$$N_2 + 2O_2 == 2NO_2$$

（2）燃料型氮氧化物（占氮氧化物总生成量的 $60\%\sim80\%$）。煤中所含的氮元素在燃烧过程中被氧化为氮氧化物。氧气浓度、反应时间、煤中氮元素的含量是影响燃料型氮氧化物生成的主要因素。

（3）快速型氮氧化物（约占氮氧化物总生成量的 5% 以下）。火焰边缘的分子氮在碳氢化合物的参与影响下，通过中间产物转化成氮氧化物。氧气浓度、过剩空气量是影响快速型氮氧化物生成的主要因素。

3. 烟尘的形成过程

煤在燃烧过程中会产生烟尘。

烟尘是煤燃烧产生的颗粒物，它包括黑烟和飞灰两部分。黑烟主要是未燃尽的碳粒，飞灰主要是煤中所含的不可燃矿物质微粒，是灰分的一部分。

4. 汞的形成过程

汞在煤中一般以汞单质和二价汞化合物的形式存在。当煤炭燃烧的时候，汞转化成为气相，进入烟气。

二、污染物的生成特性

1. 煤炭燃烧过程中二氧化硫的生成特性

（1）煤中的含硫量越高，燃烧时二氧化硫的浓度越高。

（2）高挥发分煤中硫的析出速度比低挥发分煤中硫的析出速度快。

（3）煤粉粒径增加，硫析出时间变长，二氧化硫生成量减少。

（4）增加过量空气系数，可加快硫的析出，二氧化硫浓度较高。

（5）煤中硫的总体析出时间随着燃烧时氧浓度的增加而缩短。

（6）二次风比例增加，二氧化硫浓度增大。

（7）一氧化碳的存在可以使二氧化硫的析出速率、析出量降低。

（8）煤中硫的析出时间随温度的升高而缩短，最终析出量随温度的升高而增加。

2. 煤炭燃烧过程中氮氧化物的生成特性

（1）煤粉燃烧过程中氮的析出可分为前期快速生成和后期缓慢释放两个阶段。

（2）氮氧化物主要在煤粉着火过程中产生，煤中含氮量越高，NO 浓度越高。

（3）在含氮量相同时，挥发分含量越大，一氧化氮排放浓度越高。

（4）煤中氧氮比越大，氮析出速率越高，氮析出量也越多。

（5）煤粉越细，一氧化氮转化率越小，细煤粉可达到较低的 NO 排放浓度。

（6）煤的湿度增加，可降低一氧化氮的排放量。

（7）过量空气系数增加，一氧化氮生成量增加。

（8）一、二次风比例变化对一氧化氮的生成影响非常明显，加入贴壁风可使一氧化氮浓度降低。

（9）一氧化碳对一氧化氮具有还原作用，可以使一氧化氮的生成减少。

（10）燃料氮的析出具有中温生成特性，在 $700 \sim 800℃$ 时氮的析出量最大。

（11）二氧化氮的生成量与燃烧温度及其前驱物一氧化氮的浓度密切相关，温度升高时，二氧化氮大量分解。

（12）当一氧化氮浓度增加时，NO_2 的浓度相应增大。

（13）循环流化床锅炉燃烧温度较低（$850 \sim 900℃$），热力型 NO_x 的生成量比煤粉炉少。

（14）直流燃烧器、燃烧贫煤的四角切圆燃烧锅炉，为了燃烧充分，锅炉设计采用的过量空气系数、截面热强度和容积热强度较高，燃烧区域的燃烧温度也比较高，因此 NO_x 生成量也较高。

3. 煤炭燃烧过程中烟尘的生成特性

（1）煤中的灰分越高、含水量越少，燃烧时烟尘的浓度越高。

（2）碳离子燃尽的时间与离子的初始直径、离子的表面温度、氧气浓度、停留时间有关，若不能够燃尽则会冒黑烟。

（3）煤粉的粒度越细，烟尘的粒径分布也越细。

（4）烟尘的生成量随火焰压力的增加而增加。

4．煤炭燃烧过程中汞的生成特性

（1）煤燃烧过程中生成的元素汞会以氧化态汞、零价汞、颗粒汞的形态出现。

（2）烟气中的氯元素可以提高烟气中可溶性二价汞的含量。

（3）飞灰颗粒的大小对汞的富集能力影响较大，小颗粒对汞的富集作用更强。

（4）飞灰中的残炭可以增强飞灰对气态汞的吸附作用。

第二章

烟气自动监控系统（CEMS）

自动监控系统（Continuous Emission Monitoring System，CEMS），是指对大气污染源排放的气态污染物和颗粒物进行浓度和排放总量连续监测，并将信息实时传输到主管部门的装置。

《煤电节能减排升级与改造行动计划（2014—2020年）》（发改能源〔2014〕2093号）发布后，全国燃煤发电机组大气污染物排放浓度被要求在2020年之前实现燃气机组排放限值要求，即在基准含氧量6％条件下，烟尘、二氧化硫、氮氧化物排放浓度分别不高于10、35、50mg/m³，这对烟气自动监测系统的精确性提出了更高要求，已有大量机组进行了超低排放改造。火电厂在烟气自动监控系统的资金投入比重也在逐年加大。

第一节　CEMS的作用

一、标准中关于CEMS的要求

依据 GB 13223—2011《火电厂大气污染物排放标准》的规定，新建企业和现有企业安装污染物排放自动监控设备的要求，应按有关法律和《污染源自动监控管理办法》的规定执行。

自动监控系统由自动监控设备和监控中心组成。自动监控设备是指在污染源现场安装的用于监控、监测污染物排放的仪器、流量（速）计、污染治理设施运行记录仪和数据采集传输仪等仪器、仪表，是污染防治设施的组成部分。监控中心是指环境保护部门通过通信传输线路与自动监控设备连接用于对重点污染源实施自动监控的计算机软件和设备等。

二、CEMS测量的烟气参数分类

火电厂测量的常规烟气参数有烟尘、O_2、SO_2、NO、NH_3、CO、湿度、温度、压力、流速、流量。依据 HJ 75—2007《固定污染源烟气排放连续监测技术规范》的规定，固定污染源烟气 CEMS 由颗粒物监测子系统、气态污染物监测子系统、烟气排放参数测量子系统、数据采集、传输与处理子系统等组成。通过采样和非采样方式，测定烟气中颗粒物浓度、气态污染物浓度，同时测量烟气温度、烟气压力、烟气流速或流量、烟气含湿量（或输入烟气含湿量）、烟气氧量（或二氧化碳含量）等参数；计算烟气中污染物浓度和排放量；显示和打印各种参数、图表并通过数据、图文传输系统传输至固定污染源监控系统。

第二节　CEMS 的原理及测试技术

一、CEMS 的分类

CEMS 的组成如图 2-1 所示。

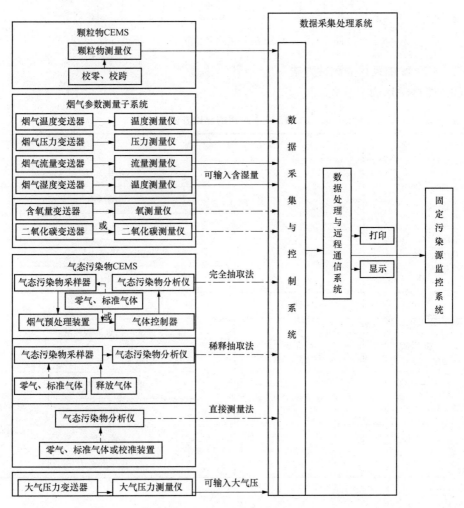

注：-----表示任选一种气体参数测量仪和气态污染物 CEMS。

图 2-1　CEMS 的组成

CEMS 按照采样和测量方式的分类如图 2-2 所示。

9

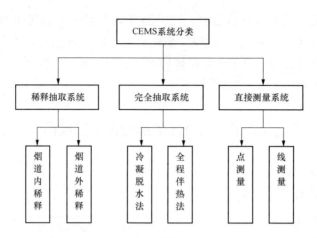

图 2-2　CEMS 按照采样和测量方式的分类

二、CEMS 中采用的测试方法

CEMS 中采用的测试方法见表 2-1。

表 2-1　　　　　　　　　　CEMS 中采用的测试方法

序　　号		内　　容
1	电化学分析法	原电池法
		电解池法
		库仑电量法
		极谱法
		氧化锆法
2	顺磁法	—
3	红外法	非分散红外吸收法
		傅里叶变换红外发
4	紫外法	非分散紫外吸收法
		差分吸收光谱法
5	发光法	荧光法
		化学发光法

第三节　CEMS 的安装要求、验收要求、运行及维护

一、安装要求

CEMS 的安装要求见表 2-2。

表 2-2   CEMS 的安装要求

分类	具　体　要　求
一般要求	位于固定污染源排放控制设备的下游
	不受环境光线和电磁辐射的影响
	烟道振动幅度尽可能小
	安装位置应避免烟气中水滴和水雾的干扰
	安装位置不漏风
	安装烟气 CEMS 的工作区域必须提供永久性的电源，以保障烟气 CEMS 的正常运行
	采样或监测平台易于人员到达，有足够的空间，便于日常维护和比对监测。当采样平台设置在离地面高度≥5m 的位置时，应有通往平台的 Z 字梯/旋梯/升降梯
	为室外的烟气 CEMS 装置提供掩蔽所，以便在任何天气条件下不影响烟气 CEMS 的运行和不损害维修人员的健康，能够安全地进行维护。安装在高空位置的烟气 CEMS 要采取措施防止发生雷击事故，做好接地，以保证人身安全和仪器的运行安全
	应优先选择在垂直管段和烟道负压区域
	测定位置应避开烟道弯头和断面急剧变化的部位。对于颗粒物 CEMS，应设置在距弯头、阀门、变径管下游方向不小于 4 倍烟道直径，以及距上述部件上游方向不小于 2 倍烟道直径处；对于气态污染物 CEMS，应设置在距弯头、阀门、变径管下游方向不小于 2 倍烟道直径，以及距上述部件上游方向不小于 0.5 倍烟道直径处。对矩形烟道，其当量直径 $D=2AB/(A+B)$，式中 A、B 为边长。当安装位置不能满足上述要求时，应尽可能选择在气流稳定的断面，但安装位置前直管段的长度必须大于安装位置后直管段的长度
	若一个固定污染源排气先通过多个烟道后进入该固定污染源的总排气管时，应尽可能将烟气 CEMS 安装在该固定污染源的总排气管上，但要便于用参比方法校验颗粒物 CEMS 和烟气流速 CMS。不得只在其中的一个烟道上安装一套烟气 CEMS，将测定值的倍数作为整个源的排放结果，但允许在每个烟道上安装相同的烟气 CEMS，测定值汇总后作为该源的排放结果
	当烟气 CEMS 安装在矩形烟道时，若烟道截面的高度大于 4m，则不宜在烟道顶层开设参比方法采样孔；若烟道截面的宽度大于 4m，则应在烟道两侧开设参比方法采样孔，并设置多层采样平台
点测量 CEMS 测量点位的要求	颗粒物 CEMS 的测量点位离烟道壁的距离不小于烟道直径的 30%，气态污染物 CEMS、氧气 CMS 以及流速 CMS 的测量点位离烟道壁距离不小于 1m；位于或接近烟道断面的矩心区
线测量 CEMS 测量点位的要求	颗粒物 CEMS 的测量点位所在区域离烟道壁的距离不小于烟道直径的 30%，气态污染物 CEMS、氧气 CMS 以及流速 CMS 的测量点位离烟道壁距离不小于 1m；中心位于或接近烟道断面的矩心区；测量线长度不小于烟道断面直径或矩形烟道的边长

二、验收要求

CEMS 的验收要求见表 2-3。

表 2 - 3   **CEMS 的验收要求**

序号	内　容
1	排污口安装的固定污染源烟气 CEMS 相关仪器（颗粒物、SO_2、NO_x、流速等）应具有国家环境保护总局环境监测仪器质量监督检验中心出具的适用性检测合格报告，型号与报告内容相符合
2	排污口安装的固定污染源烟气 CEMS 的安装位置及手工采样位置应符合相关要求
3	数据采集和传输以及通信协议均应符合 HJ/T 212《污染源在线自动监控（监测）系统数据传输标准》的要求，并提供一个月内数据采集和传输自检报告，报告应对数据传输标准的各项内容做出响应
4	根据 HJ 75—2007《固定污染源烟气排放连续监测技术规范》附录 A 的要求进行了 72h 的调试检测，并提供调试检测合格报告

三、运行维护及保养

CEMS 的运行维护及保养要求见表 2 - 4。

表 2 - 4   **CEMS 的运行维护及保养要求**

序号	内　容
1	从事固定污染源烟气 CEMS 日常运行管理的单位和部门应根据该烟气 CEMS 使用说明书和 HJ 75—2007《固定污染源烟气排放连续监测技术范围》的要求编制仪器运行管理规程，以此确定系统运行操作人员和管理维护人员的工作职责，人员经培训合格后持证上岗
2	日常巡检间隔不超过 7 天，巡检记录应包括检查项目、检查日期、被检项目的运行状态等内容，每次巡检应记录并归档。日常巡检规程应包括该系统的运行状况、烟气 CEMS 工作状况、系统辅助设备的运行状况、系统校准工作等必检项目和记录，以及仪器使用说明书中规定的其他检查项目和记录
3	日常维护保养应根据烟气 CEMS 说明书的要求对保养内容、保养周期或耗材更换周期等做出明确规定，每次保养情况应记录并归档。每次进行备件或材料更换时，更换的备件或材料的品名、规格、数量等应记录并归档。如更换标准物质还需记录新标准物质的来源、有效期和浓度等信息
4	对日常巡检或维护保养中发现的故障或问题，系统管理维护人员应及时处理并记录。对于一些容易诊断的故障，如电磁阀控制失灵、泵膜裂损、气路堵塞、数据采集器死机、通信和电源故障等，应在 24h 内及时解决；对不易维修的仪器故障，若 72h 内无法排除，应安装相应的备用仪器。备用仪器或主要关键部件（如光源、分析单元）经调换后应根据本标准中规定的方法对系统重新调试经检测合格后方可投入运行
5	固定污染源烟气 CEMS 日常运行质量保证是保障烟气 CEMS 正常稳定运行、持续提供有质量保证监测数据的必要手段。当烟气 CEMS 不能满足技术指标而失控时，应及时采取纠正措施，并应缩短下一次校准、维护和校验的间隔时间。不应采用与烟气 CEMS 测试原理相同的参比方法校验烟气 CEMS
6	固定污染源烟气 CEMS 运行过程中的定期维护是日常巡检的一项重要工作，定期维护应做到：污染源停炉到开炉前应及时到现场清洁光学镜面；每 30 天至少清洗一次隔离烟气与光学探头的玻璃视窗，检查一次仪器光路的准直情况；对清吹空气保护装置进行一次维护，检查空气压缩机或鼓风机、软管、过滤器等部件；每 3 个月至少检查一次气态污染物 CEMS 的过滤器、采样探头和管路的结灰和冷凝水情况，气体冷却部件、转换器、泵膜老化状态；每 3 个月至少检查一次流速探头的积灰和腐蚀情况，反吹泵和管路的工作状态

第三章

O₂ 测 试 技 术

火电厂运行的过程中，烟气中氧含量是一项非常重要的参数。依据 GB 13223—2011《火电厂大气污染物排放标准》的规定，氧含量是指，燃料燃烧时，烟气中含有的多余的自由氧，其通常以干基容积百分数来表示。

在污染物排放监测系统中，脱硝设备前后、除尘设备前后、脱硫设备前后都设有氧含量分析仪。依据 GB 13223—2011《火电厂大气污染物排放标准》的规定，实测的火电厂烟尘、二氧化硫、氮氧化物和汞及其化合物排放浓度，必须执行 GB/T 16157《固定污染源排气中颗粒物测定与气态污染物采样方法》的规定，按相关公式折算为基准氧含量排放浓度。依照实际测量的烟气中的氧含量对大气污染物浓度进行修正，一方面可以统一火电厂大气污染物排放浓度的测试结果、规范大气污染物排放量的实际核算结果、确保大气污染物排放浓度的真实性；另一方面可以防止由于设备自身漏风造成的污染物排放浓度的稀释，防止个别火电厂通过人为增加系统引风量造成的污染物排放浓度的稀释。

对于火电厂而言，节约燃料是其一项重要的考核指标，通过对火电厂系统的氧含量指标进行监测，可以准确监测到进入锅炉内的空气量，通过控制其与燃料的比例，可以使锅炉保持合理的燃烧状态，提高锅炉的效率、降低锅炉燃料消耗、节约能源。随着近几年火电厂大气污染物的排放标准日益严格，很多火电厂对锅炉系统进行了低氮燃烧改造。改造之后，集控运行人员要通过控制进入锅炉的风量，保证锅炉既处在低氧燃烧的环境下，减少氮氧化物的生成，又要使锅炉的热效率尽量提高，因此，氧含量测试的准确性、可靠性就非常重要了。

第一节 电 化 学 法

一、电化学原理

电化学是物理化学的一个分支，研究电能作为一种可测量的、定量的现象与可识别的化学变化之间的关系，其中电能被认为是特定化学变化的结果，反之亦然。电化学涉及电能和化学变化之间的相互作用。

当电流是由一个自发的化学反应产生的（如：在电池中），或一个化学反应是由外部提供的电流引起的（如：电解），它被称为电化学反应。

（一）标准中关于电化学氧测定仪的规定

火电厂氧含量分析仪的测量范围一般为 0.1％～25％。根据 JJG 365—2008《电化学氧测定仪检定规程》的规定，电化学氧测定仪（简称仪器）主要用于化学工业、冶金工业、环境监测、医疗卫生、航空航天、电子工业领域中生产和应用的气体及环境空气中氧含量的测量。适用于含氧测量下限不小于 0.1％的电化学氧测量仪的首次检定、后续检定和使用中的检验。不适用于矿井下使用的电化学氧测定仪。该类仪器为电化学原理，包括原电池（燃料电池、赫兹电池、隔膜伽伐尼电池）、恒电位电解池、恒电流电解池、库仑电量法、极谱法等电化学原理为检测单元的气体氧分析仪。

该仪器通常由电化学氧传感器、气路单元、电子显示单元组成。依据气体采样方式

图 3-1　电化学氧测定仪测量程序图

分为泵吸入式、正压输送式、扩散式三种类型。电化学氧测定仪测量程序如图 3-1 所示。

（二）原电池原理

原电池是将化学能转变成电能的装置，利用两个电极的电势的不同，产生电势差，从而使电子流动，产生电流。该反应不能逆向发生，即是只能将化学能转换为电能，不能使电能转化为化学能。

1888 年，德国科学家瓦尔特·能斯特在提出了原电池的电动势理论。随后他提出了能斯特方程。根据能斯特方程数学模型，可以确定离子浓度改变时电极电势变化的数值。

原电池反应属于放热的反应，一般是氧化还原反应，但区别于一般的氧化还原反应的是，电子转移不是通过氧化剂和还原剂之间的有效碰撞完成的，而是还原剂在负极上失电子发生氧化反应，电子通过外电路输送到正极上，氧化剂在正极上得电子发生还原反应，从而完成还原剂和氧化剂之间电子的转移。两极之间溶液中离子的定向移动和外部导线中电子的定向移动构成了闭合回路，使两个电极反应不断进行，发生有序的电子转移过程，产生电流，实现化学能向电能的转化。非氧化还原反应也可以设计成原电池。

原电池的工作原理如图 3-2 所示。

原电池型气体氧分析仪的原理如同普通的干电池，不过电池的碳锰电极被气体电极替代，氧在阴极被还原，电子通过电流表流到阳极，

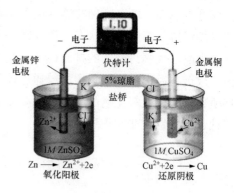

图 3-2　原电池工作原理

阳极的铅金属被氧化，利用电流大小与氧气浓度的相关性，检测氧气。

1. 燃料电池

燃料电池是一种将存在于燃料与氧化剂中的化学能直接转化为电能的发电装置。燃

料电池由一个正极、一个负极和电解质组成。正极和负极含有催化剂，是个催化转换元件。因此燃料电池是名副其实的把化学能转化为电能的能量转换机器。电池工作时，燃料和氧化剂由外部供给，进行反应。原则上只要反应物不断输入，反应产物不断排除，燃料电池就能连续地发电。

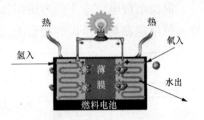

图3-3　燃料电池工作原理

燃料电池的工作原理如图3-3所示。

燃料电池的优点是结构简单，体积小巧，且响应速度较快，因此此方法的氧分析仪非常适于便携使用，而且价格较为便宜。但燃料电池为消耗型检测器，其寿命取决于流经传感器的氧累积总量，阳电极在测量中不断反应消耗，一旦耗尽，燃料电池即失效，需进行更换。且燃料电池法氧分析仪的测量精度和稳定性较差，尤其当用于测量含氧量大于90%的气体样品时，月漂移量可达到1%以上。此外，需要注意的是，当使用电解质为碱性的燃料电池时，不适用于酸性气体中的氧含量分析，而当电解质为酸性时，则不适用于碱性气体的测量。

2. 隔膜伽伐尼电池

隔膜伽伐尼电池型氧传感器工作原理为氧透过隔膜后溶解在隔膜与阴极间的薄层电解液中，当氧达到阴极表面时发生还原反应，导致传感器内部导电离子浓度发生变化，通过测量流过两电极的电解电流可以准确测量氧气浓度的变化。在适当的范围内，电解电流与氧气浓度呈良好的线性关系。

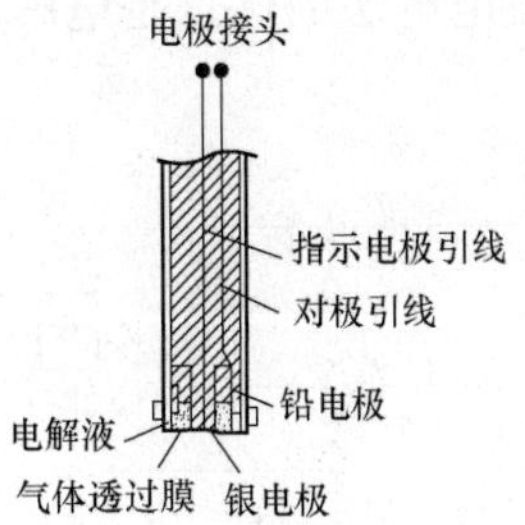

隔膜伽伐尼电池的工作原理如图3-4所示。

隔膜伽伐尼电池不需要外电源、热源，其结构简单，工作电流小，可以制作成小型氧传感器。因为其使用过程中阳极不断地消耗，所以其稳定性略差，氧气传感器使用寿命较短，一般为1～2年。

图3-4　隔膜伽伐尼电池的工作原理

（三）电解池原理

电流通过电解质溶液或熔融的电解质在阴、阳两极上发生氧化还原反应的过程叫作电解。电解池是把电能转变为化学能的装置，常用于化合物的分解。阳极连电源正极，阴极连电源负极。

1834年，英国科学家迈克尔·法拉第发现了著名的电解定律：①在电解过程中，阴极上氧化物质析出的量与所通过的电流强度和通电时间成正比，金属电沉积时，用公式可以表示为：$M=KQ=KIt$，式中 M 为析出金属的质量，K 为比例常数（电化当量），Q 为通过的电量，I 为电流强度，t 为通电时间；②物质的电化当量 k 跟它的化学当量成正比，所谓化学当量是指该物质的摩尔质量 M 跟它的化合价的比值，单位为 kg/mol，数学表达式：$k=M/Fn$，式中 k 为物质的电化当量；M 为物质的摩尔质量；F 为法拉第恒量；n 为化合物中正或负化合价总数的绝对值。该定律是电化学中最基本的定律。

1. 恒电位电解池

保持电极电位不变的电解叫作恒电位电解。恒电位法是将作为电化学反应中驱动力的电位设定在某一所需的数值上，测定体系的变化。

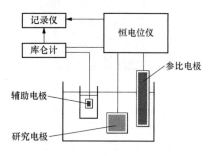

图 3-5　恒电位电解池的工作原理

恒电位电解分析法在电解过程中将电位控制在一个固定值，使得只有一种离子在固定电位下析出。此法的优点是选择性高，缺点是分析时间长。

恒电位电解池的工作原理如图 3-5 所示。

2. 恒电流电解池

保持电流不变的电解叫作恒电流电解。恒电流法是设定回路中的电流，以测定体系电位的变化。

恒电流电解分析法电解过程中产生电流的大小与电极反应的速度相关，随着电解时间延长，溶液中电活性物质浓度降低，它传输到电极表面的速度减慢，使通过电解池的电流减小。为了使电解电流恒定，需要增大外加电压，使阴极电位更负一些，这样电解效率高、分析速度快，但是当外加电压达到第二个电活性物质的析出电位时，则第二个电活性物质也开始在电极上析出，造成相互干扰。因此，恒电流电解法的优点是电解时间短，缺点是选择性差，难以解决共存离子之间的干扰。

恒电流电解池的工作原理如图 3-6 所示。

3. 库仑电量法原理

库仑电量法是根据电解过程中消耗的电量，利用法拉第定律来确定被测物质含量的方法。库仑分析法分为恒电流库仑分析法和控制电位库仑分析法两种。

恒电流库仑分析法是在恒定电流的条件下电解，由电极反应产生的电生"滴定剂"与被测物质发生反应，用化学指示剂或电化学的方法确定"滴定"的终

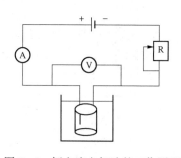

图 3-6　恒电流电解池的工作原理

点，由恒电流的大小和到达终点需要的时间算出消耗的电量，由此求得被测物质的含量。这种滴定方法与滴定分析中用标准溶液滴定被测物质的方法相似，因此恒电流库仑分析法也称库仑滴定法。

控制电位库仑分析法以控制电极电位的方式电解，当电流趋近于零时表示电解完成，由测得电解时消耗的电量求出被测物质的含量。

库仑分析法的基本要求是 100% 的电流效率。电流效率是指电解池流过一定电量后，某一生成物的实际质量与理论生成质量之比。为了能准确进行电量测定，库仑分析时必须注意使通入电解池的电流 100% 的用于工作电极的反应，而没有漏电现象和其他副反应发生，即电极反应的电流效率为 100%，只有这样才能正确地根据所消耗的电量求得析出物质的量，这是库仑分析法测定的先决条件。

4. 极谱法原理

极谱法（polarography）通过测定电解过程中所得到的极化电极的电流-电位（或电位-时间）曲线来确定溶液中被测物质浓度的一类电化学分析方法。于1922年由捷克化学家 J. 海洛夫斯基建立。

极化电极（滴汞电极）通常和极化电压负端相连，参比电极（甘汞电极）和极化电压正端相连。当施加于两电极上的外加直流电压达到足以使被测电活性物质在滴汞电极上还原的分解电压之前，通过电解池的电流一直很小（此微小电流称为残余电流），达到分解电压时，被测物质开始在滴汞电极上还原，产生极谱电流，此后极谱电流随外加电压增高而急剧增大，并逐渐达到极限值（极限电流），不再随外加电压增高而增大。这样得到的电流-电压曲线，称为极谱波。极谱波的半波电位 $E/2$ 是被测物质的特征值，可用来进行定性分析。扩散电流依赖于被测物质从溶液本体向滴汞电极表面扩散的速度，其大小由溶液中被测物质的浓度决定，据此可进行定量分析。

极谱法分为控制电位极谱法和控制电流极谱法两大类。在控制电位极谱法中，电极电位是被控制的激发信号，电流是被测定的响应信号。在控制电流极谱法中，电流是被控制的激发信号，电极电位是被测定的响应信号。控制电位极谱法包括直流极谱法、交流极谱法、单扫描极谱法、方波极谱法、脉冲极谱法等。控制电流极谱法有示波极谱法。此外还有极谱催化法、溶出伏安法。

极谱法的工作原理如图3-7所示。

极谱氧气传感器阳极（典型的为银）和阴极（典型的为金）浸没在氯化钾电解质溶液中。电极与样品之间由一个半透膜分离。根据法拉第法律，代表氧浓度的分子氧气消耗量与电流的强度正比例。极谱氧气传感器不运行时，没有银电极（阳极）的消耗，存储时间几乎是无限的。极谱分析的氧气传感器仅适用于百分比浓度的氧气测量，传感器替换频率相对较高，维护传感器膜和电解质要求水平较高。

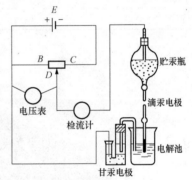

图3-7　极谱法的工作原理

二、测试方法

依据GB/T 16157—1996《固定污染源排气中颗粒物测定与气态污染物采样方法》，排气中O₂气体成分的测定，采用奥氏体分析仪或等效的仪器法测定。

采样位置应优先选择在垂直管段。应避开烟道弯头和断面急剧变化的部位。采样位置应设置在距弯头、阀门、变径管下游方向不小于6倍直径，和距上述部件上游方向不小于3倍直径处。对矩形烟道，其当量直径 $D=2AB/(A+B)$，式中 A、B 为边长。应避开涡流区。采样位置应避开对测试人员操作有危险的场所。可在烟道近中心处一点上采样。

三、试验仪器

1. 崂应3012H型自动烟尘/气测试仪

崂应3012H型自动烟尘/气测试仪相关参数见表3-1，崂应3012H型自动烟尘/气测试仪如图 3-8 所示。

表 3-1 崂应 3012H 型自动烟尘/气测试仪相关参数

仪器名称	自动烟尘/气测试仪	仪器名称	自动烟尘/气测试仪
生产厂名	青岛崂山应用技术研究所	示值误差	<5%
规格（型号）	3012H 型（09 代）	重复性	≤2%
测试气体类型	O$_2$	响应时间	≤90s
仪器原理	电化学法	稳定性	1h 内示值变化≤5%
工作量程	0~25%/30%		

2. 凯恩 KM950 烟气分析仪

凯恩 KM950 烟气分析仪相关参数见表 3-2，凯恩 KM950 烟气分析仪如图 3-9 所示。

表 3-2 凯恩 KM950 烟气分析仪相关参数

仪器名称	烟气分析仪	仪器名称	烟气分析仪
生产厂名	英国凯恩	仪器原理	电化学法
规格（型号）	KM950	工作量程	0~25%
测试气体类型	O$_2$	精度	≤0.2%

图 3-8 崂应 3012H 型自动烟尘/气测试仪　　　图 3-9 凯恩 KM950 烟气分析仪

3. Testo350 烟气分析仪

Testo350 烟气分析仪相关参数见表 3-3，Testo350 烟气分析仪如图 3-10 所示。

表 3-3 Testo350 烟气分析仪相关参数

仪器名称	烟气分析仪	仪器名称	烟气分析仪
生产厂名	德图	仪器原理	电化学法
规格（型号）	Testo350	工作量程	0~25%
测试气体类型	O$_2$	精度	±0.8%

4. Testo360 烟气分析仪

Testo360 烟气分析仪相关参数见表 3-4，Testo360 烟气分析仪如图 3-11 所示。

表 3-4　　　　　　　　　　　**Testo360 烟气分析仪相关参数**

仪器名称	烟气分析仪	仪器名称	烟气分析仪
生产厂名	德图	仪器原理	电化学法
规格（型号）	Testo360	工作量程	0～21%
测试气体类型	O₂		

图 3-10　Testo350 烟气分析仪

图 3-11　Testo360 烟气分析仪

5. Model 3080 型便携式红外烟气分析仪

Model 3080 型便携式红外烟气分析仪相关参数见表 3-5，Model 3080 型便携式红外烟气分析仪如图 3-12 所示。

表 3-5　　　　　　　　　**Model 3080 型便携式红外烟气分析仪相关参数**

仪器名称	便携式红外烟气分析仪	仪器名称	便携式红外烟气分析仪
生产厂名	北京雪迪龙科技股份有限公司	重复性	＜0.2%
规格（型号）	Model 3080 型	零点漂移	＜0.2%/d
测试气体类型	O₂	量程漂移	＜0.2%/d
仪器原理	燃料电池法	响应时间	＜60s
工作量程	0～5%/25%	最小分辨率	0.01
线性度	＜0.2%		

6. ecom J2KN 便携式多功能红外烟气分析仪

ecom J2KN 便携式多功能红外烟气分析仪相关参数见表 3-6，ecom J2KN 便携式多功能红外烟气分析仪如图 3-13 所示。

表 3-6   **ecom J2KN 便携式多功能红外烟气分析仪相关参数**

仪器名称	便携式多功能红外烟气分析仪	仪器名称	便携式多功能红外烟气分析仪
生产厂名	德国 rbr 测量技术公司	工作量程	$0 \sim 21\% / 25\%$
规格（型号）	ecom J2KN	精度	$<0.2\%$
测试气体类型	O_2	最小分辨率	0.01
仪器原理	电化学法		

图 3-12   Model 3080 型便携式
红外烟气分析仪

图 3-13   ecom J2KN 便携式多功能红外
烟气分析仪

7. DF-560E 超微量氧气分析仪

DF-560E 超微量氧气分析仪相关参数见表 3-7，DF-560E 超微量氧气分析仪如图 3-14 所示。

表 3-7   **DF-560E 超微量氧气分析仪相关参数**

仪器名称	超微量氧气分析仪
生产厂名	英国 Servomex
规格（型号）	DF-560E
测试气体类型	O_2
仪器原理	库伦电量法
工作量程	$0 \sim 1nL/L$ 或 $0 \sim 20\mu L/L$，在两者之间的任意量程，最高可承受 $100\mu L/L$ 波动持续 15min，随后传感器自动关机以避免损坏
示值误差	$\pm 3\%$
最低检测限	75pL/L
失常恢复时间	恢复到以前稳定度数 $\pm 10nL/L$ 内不超过 5min

8. DF-310E 微量氧分析仪

DF-310E 微量氧分析仪相关参数见表 3-8，DF-310E 微量氧分析仪如图 3-15 所示。

表 3-8   **DF-310E 微量氧分析仪相关参数**

仪器名称	微量氧分析仪	仪器名称	微量氧分析仪
生产厂名	英国 Servomex	工作量程	$0 \sim 0.5 \mu L/L$，$0 \sim 25\%$
规格（型号）	DF-310E	示值误差	$\pm 3\%$
测试气体类型	O_2	最低检测限	$3nL/L$
仪器原理	库仑电量法		

图 3-14   DF-560E 超微量氧气分析仪

图 3-15   DF-310E 微量氧分析仪

9. GPR-1100 便携式微量氧分析仪

GPR-1100 便携式微量氧分析仪相关参数见表 3-9，GPR-1100 便携式微量氧分析仪如图 3-16 所示。

表 3-9   **GPR-1100 便携式微量氧分析仪相关参数**

仪器名称	便携式微量氧分析仪	仪器名称	便携式微量氧分析仪
生产厂名	美国 ADV/AII	精度	$<1\%$
规格（型号）	GPR-1100	失常恢复时间	$60s$ 恢复到 $10 \mu L/L$ 以内
测试气体类型	O_2	灵敏度	$<0.5\%$
仪器原理	燃料电池法	响应时间	$10s$
工作量程	$0 \sim 10/100/1000 \mu L/L$，$0 \sim 1\%/25\%$		

10. GPR-1200 便携式微量氧分析仪

GPR-1200 便携式微量氧分析仪相关参数见表 3-10，GPR-1200 便携式微量氧分析仪如图 3-17 所示。

表 3-10   **GPR-1200 便携式微量氧分析仪相关参数**

仪器名称	便携式微量氧分析仪	仪器名称	便携式微量氧分析仪
生产厂名	美国 ADV/AII	测试气体类型	O_2
规格（型号）	GPR-1200	仪器原理	燃料电池法

仪器名称	便携式微量氧分析仪	仪器名称	便携式微量氧分析仪
工作量程	0～10/100/1000μL/L, 0～1%/25%	灵敏度	<0.5%
精度	<1%	响应时间	10s
失常恢复时间	60s恢复到10μL/L以内		

图3-16　GPR-1100便携式微量氧分析仪　　图3-17　GPR-1200便携式微量氧分析仪

11. AOI便携式氧分析仪

AOI便携式氧分析仪相关参数见表3-11，AOI便携式氧分析仪如图3-18所示。

表3-11　　　　　　　　　AOI便携式氧分析仪相关参数

仪器名称	便携式氧气分析仪	仪器名称	便携式氧气分析仪
生产厂名	美国AOI	工作量程	0～50/100/500/1000/5000/10000μL/L
规格（型号）	3520	准确度	±1%
测试气体类型	O_2	响应时间	满量程的90%用时小于20s
仪器原理	电化学法		

12. 美国绍斯兰480便携式氧分析仪

美国绍斯兰480便携式氧分析仪相关参数见表3-12，美国绍斯兰480便携式氧分析仪如图3-19所示。

表3-12　　　　　　　　美国绍斯兰480便携式氧分析仪相关参数

仪器名称	便携式氧气分析仪	仪器名称	便携式氧气分析仪
生产厂名	美国绍斯兰	工作量程	0～1%/5%/10%/25%/100%
规格（型号）	480	精度	1%
测试气体类型	O_2	响应时间	约10s
仪器原理	电化学法		

图 3-18　AOI 便携式氧分析仪

图 3-19　美国绍斯兰 480 便携式氧分析仪

13. DFY - VC 型微量氧分析仪

DFY - VC 型微量氧分析仪相关参数见表 3-13，DFY - VC 型微量氧分析仪如图 3-20 所示。

表 3-13　　　　　　　DFY - VC 型微量氧分析仪相关参数

仪 器 名 称	微 量 氧 分 析 仪
生产厂名	西安泰戈
规格（型号）	DFY - VC
测试气体类型	O₂
仪器原理	燃料电池法
工作量程	0～10/100/1000μL/L
最大允许误差	±2%（0～10μL/L）；±1%（10～1000μL/L）
重复性	±1%
响应时间	≤60s
稳定性	零点漂移：±1%（7天）；量程漂移：±1（7天）

14. DH - 3 系列（携带式）微量氧测定仪

DH - 3 系列（携带式）微量氧测定仪相关参数见表 3-14，DH - 3 系列（携带式）微量氧测定仪如图 3-21 所示。

表 3-14　　　　　　　DH - 3 系列（携带式）微量氧测定仪相关参数

仪 器 名 称	微 量 氧 分 析 仪
生产厂名	南京分析仪器厂有限公司
规格（型号）	DH - 3 系列
测试气体类型	O₂
仪器原理	原电池法
工作量程	DH - 3A：0～10/50μL/L DH - 3C：0～100/500μL/L DH - 3D：0～200/1000μL/L
基本误差	±10%

图 3 - 20   DFY - VC 型微量氧分析仪　　图 3 - 21   DH - 3 系列（携带式）微量氧测定仪

15. EN - 500 微量氧分析仪

EN - 500 微量氧分析仪相关参数见表 3 - 15，EN - 500 微量氧分析仪如图 3 - 22 所示。

表 3 - 15　　　　　　　　　EN - 500 微量氧分析仪相关参数

仪　器　名　称	微量氧分析仪（便携式）
生产厂名	上海英盛分析仪器有限公司
规格（型号）	EN - 500
测试气体类型	O_2
仪器原理	燃料电池法
工作量程	$0\sim10/100/1000\mu L/L$
精度	$>10\mu L/L$ 时 $\pm3\%$，$\leqslant10\mu L/L$ 时 $\pm5\%$
重复性	$\pm2\%$

16. GNL - B1F 便携式氧分析仪

GNL - B1F 便携式氧分析仪相关参数见表 3 - 16，GNL - B1F 便携式氧分析仪如图 3 - 23 所示。

表 3 - 16　　　　　　　　　GNL - B1F 便携式氧分析仪相关参数

仪　器　名　称	便携式氧分析仪
生产厂名	上海昶艾电子科技有限公司
规格（型号）	GNL - B1F
测试气体类型	O_2
仪器原理	电化学法
工作量程	$0\sim25\%$
精度	$\pm2\%$
重复性	1%
响应时间	T90（达到最终读数90%处的时间）$<20s$
稳定性	1%（7天）

图 3-22　EN-500 微量氧分析仪

图 3-23　GNL-B1F 便携式氧分析仪

17. CI-PC931 微量氧分析仪

CI-PC931 微量氧分析仪相关参数见表 3-17，CI-PC931 微量氧分析仪如图 3-24 所示。

表 3-17　　　　　　　　　　CI-PC931 微量氧分析仪相关参数

仪器名称	微量氧分析仪
生产厂名	上海昶艾电子科技有限公司
规格（型号）	CI-PC931
测试气体类型	O₂
仪器原理	燃料电池法
工作量程	0～10/100/1000μL/L，0～25％
精度	0～10μL/L，±5％；0～100μL/L，±3％；0～1000μL/L，±2％
重复性	0～10μL/L，±2.5％；0～100μL/L，±1.5％；0～1000μL/L，±1％
响应时间	T90（达到最终读数90％处的时间）<60s
稳定性	0～10μL/L，±2.5％（7天）；0～100μL/L，±1.5％（7天）；0～1000μL/L，±1％（7天）

18. MODEL320K/320WP 便携式氧分析仪

MODEL320K/320WP 便携式氧分析仪相关参数见表 3-18，MODEL320K/320WP 便携式氧分析仪如图 3-25 所示。

表 3-18　　　　　　　　MODEL320K/320WP 便携式氧分析仪相关参数

仪器名称	便携式氧分析仪
生产厂名	NOVA
规格（型号）	MODEL320K/320WP
测试气体类型	O₂
仪器原理	燃料电池法
工作量程	0～25％
精度	±2％
响应时间	T90（达到最终读数90％处的时间）<10s

图 3-24 CI-PC931 微量氧分析仪   图 3-25 MODEL320K/320WP 便携式氧分析仪

19. MODEL 325 便携式氧分析仪

MODEL 325 便携式氧分析仪相关参数见表 3-19，MODEL 325 便携式氧分析仪如图 3-26 所示。

表 3-19 MODEL 325 便携式氧分析仪相关参数

仪器名称	便携式氧分析仪
生产厂名	NOVA
规格（型号）	MODEL 325
测试气体类型	O_2
仪器原理	原电池法
工作量程	$0\sim10/19999\mu L/L$
精度	$\pm2\%$
响应时间	T90（达到最终读数 90% 处的时间）$<30s$

图 3-26 MODEL 325 便携式氧分析仪

四、仪器应用情况

仪器应用情况见表 3-20。

表 3-20   仪 器 应 用 情 况

仪器名称	原理	优点	缺点	适用范围
崂应 3012H 型自动烟尘/气测试仪（09 代）	电化学法	（1）配有充电电池，测量时可以外接电池。 （2）自动调零时间较短	（1）虽然配有两级滤芯，但滤芯为一次性产品，变色后则需要更换，当测试高尘气体时，滤芯的消耗量较大。 （2）仪器除水能力较差，无法测试高湿烟气。 （3）滤芯的密封处容易漏气，影响氧量测量结果	（1）适合测量除尘器出口烟气和除尘器后、湿法脱硫系统的原烟气。 （2）测量 SCR 脱硝装置的进口、出口烟气和除尘器进口烟气时，由于烟气含尘量大，容易堵塞过滤器的滤芯。 （3）测量湿法脱硫系统出口烟气时，由于烟气湿度较大，会影响测量结果

仪器名称	原理	优点	缺点	适用范围
凯恩KM950烟气分析仪	电化学法	（1）轻便、小巧，可以单手持握分析仪主机。 （2）配有充电电池，测量时可以不用外部电源。 （3）标准探针可在650℃下使用，可以耐高温	（1）开机后需要180s的自动调零时间，时间较长。 （2）气泵出力较低，当烟道内部负压较大时，会导致仪器氧测试结果偏高。 （3）标准配置的采样枪长为1m，无法探到宽大型烟道的中心位置进行测试。 （4）仪器除水能力较差，无法测试高湿烟气。 （5）烟尘过滤器的滤芯为一次性产品，变色后则需要更换，当测试高尘气体时，滤芯的消耗量很大。 （6）各部件连接处容易漏气	（1）适合测量除尘器系统的出口烟气、湿法脱硫系统的原烟气。 （2）测量SCR脱硝装置的进口、出口烟气和除尘器进口烟气时，由于烟气含尘量大，容易堵塞过滤器的滤芯。 （3）测量除尘器出口烟气时，由于引风机导致烟道内部负压较大，会影响测量结果。 （4）测量湿法脱硫系统出口烟气时，由于烟气湿度较大，会影响测量结果
Testo350烟气分析仪	电化学法	（1）分析仪的主机和显示器可以分离，显示器可以单手持握。 （2）配有充电电池，测量时可以不用外部电源。 （3）自动调零时间为15s，较短。 （4）采样枪前端配有不锈钢的烟尘过滤器，可以过滤烟气中的烟尘，保护传感器和蠕动泵	（1）气泵出力较低，当烟道内部负压较大时，会导致仪器氧测试结果偏高。 （2）标准配置的采样枪长为1m，无法探到宽大型烟道的中心位置进行测试。 （3）仪器除水能力一般，无法测试高湿烟气	（1）适合测量SCR脱硝装置的进口、出口烟气，除尘器后、湿法脱硫系统的原烟气。 （2）测量除尘器出口烟气时，由于引风机导致烟道内部负压较大，会影响测量结果。 （3）测量湿法脱硫系统出口烟气时，由于烟气湿度较大，会影响测量结果
Testo360烟气分析仪	电化学法	（1）仪器测试管路全程加热，除水能力较好，可以测试高湿烟气。	（1）主机较沉，搬运不便。 （2）仪器使用时需要配备外接电源。 （3）仪器的手推车在面对高空作业的测试环境时，并不实用。 （4）标准配置的采样枪长为1m，无法探到宽大型烟道的中心位置进行测试。	（1）适合测量除尘器后、湿法脱硫系统的原烟气，湿法脱硫系统的进口、出口烟气。

续表

仪器名称	原理	优点	缺点	适用范围
Testo360 烟气分析仪	电化学法	（2）气泵的出力较大，可当烟道内部负压较大时，仍可使用	（5）仪器使用前需要预热，当环境温度较低时，预热时间很长或无法预热。（6）采样枪前端没有烟尘过滤装置，不适宜测量高烟尘气体。（7）氧传感器使用寿命小于一年半，时间较短	（2）测量 SCR 装置进口、出口和除尘器入口烟气时，由于烟气中烟尘含量较大，会堵塞管路，影响仪器稳定运行
Model 3080 型便携式红外烟气分析仪	燃料电池法	（1）标准配置的采样枪长为 2m，可以探到一般烟道的中心位置进行测试。（2）仪器除水能力较好，可以测试高湿烟气。（3）气泵的出力较大，可当烟道内部负压较大时，仍可使用	（1）主机较沉，搬运不便。（2）仪器使用时需要配备外接电源。（3）阻水过滤器需要 6 个月更换一次，蠕动泵管需要 1 年更换一次，耗材消耗较快。（4）仪器使用前需要预热	适合测量 SCR 装置进口、出口和除尘器入口烟气，除尘器后、湿法脱硫系统的原烟气，湿法脱硫系统的进口、出口烟气

五、仪器的优缺点及改进建议

电化学法氧测定仪的优缺点见表 3-21。

表 3-21　　　　　电化学法氧测定仪的优缺点

优点	缺点	改进建议
氧分析仪灵敏度较高	传感器寿命短，一般为 1~3 年，需要定期更换	
可以检出微量的氧	容易受到周围环境温度影响	
测量范围能从百万分之一级延展到百分比级别，适用范围广	容易受到周围环境湿度影响	
百分比含量的电化学原理仪表大多可以做成便携式仪表	容易受到周围环境压力影响	
体积小	有些传感器容易受到酸性气体（硫化氢、氯化氢、二氧化硫等气体）的损害，传感器的使用寿命会比设计寿命缩短很多	提前对采样气体进行净化
操作简单	有些传感器容易吸潮，进而导致其电极中毒失效	需要在使用完毕后，按仪器使用规程的要求，排净仪器内的采样气体，封堵相关的气路孔

续表

优点	缺点	改进建议
价格低廉	有些传感器容易受到过大压力的损害	在使用时配置压力调节器和压力控制阀，对采样气体的压力进行控制
响应迅速	有些传感器需要进口，较长的进口周期影响总体使用时间	根据传感器的设计寿命，在传感器过期之前，提前采购传感器
准确度高	传感器在整个寿命周期里的稳定性一般	

第二节　氧　化　锆　法

一、氧化锆法原理

二氧化锆（ZrO₂）是锆的主要氧化物，通常状况下为白色无臭无味晶体，难溶于水、盐酸和稀硫酸。化学性质不活泼，具有高熔点、高电阻率、高折射率和低热膨胀系数的性质。纯氧化锆不导电，通过掺加一定比例的低价金属（如氧化钙、氧化镁、氧化钇）作为稳定剂后，就具有了高温导电性，成为氧化锆固体电解质，可以进行氧量测量。固体电解质是离子晶体结构，靠空穴使离子运动而导电。

1. 标准中关于氧化锆氧分析器的要求

根据 JJG 535—2004《氧化锆氧分析器检定规程》的规定，氧化锆氧分析器主要用于检测混合气体中的含氧量，以达到生产过程的安全、节能、环保及保证产品质量的目的。

氧化锆氧传感器的工作原理：利用氧化锆材料添加一定量的稳定剂后，通过高温烧成，在一定温度下成为氧离子固体电解质。在该材料两侧焙烧上铂电极，构成氧化锆传感器，当两侧电极间的氧气含量不同时，两电极间产生电动势，构成氧浓差电池，两电极间反应如下：

阴极反应：$O_2 + 4e \longrightarrow 2O^{2-}$

阳极反应：$2O^{2-} \longrightarrow O_2 + 4e$

氧化锆氧分析器就是利用氧化锆传感器的这一特性，将被检测环境中的氧气转换成电信号然后通过电子部件处理，并以浓度值显示出来。

2. 氧化锆氧分析器的测量原理

氧化锆测量含氧量的基本原理是利用氧浓差电势，在实际的氧探头中，空气流经外电极，被测烟气流经内电极，当烟气氧分压 p_1 小于空气氧分压 p_0（20.9％O₂）时，空气中的氧分子从外电极上夺取 4 个电子形成 2 个氧离子，发生如下电极反应：$O_2 + 4e \rightarrow 2O^{2-}$，氧离子在氧化锆管中迅速迁移到烟气边，在内电极上发生相反的电极反应：$2O^{2-} \rightarrow O_2 + 4e$，由于氧浓差导致氧离子从空气边迁移到烟气边，因而产生的电势又导致氧离子从烟气边反向迁移到空气边，当这两种迁移达到平衡后，便在两电极间产生一个与氧浓差有关的电势信号 E，该电势信号符合能斯特（Nerenst）方程：

$$E = 1000 \frac{RT}{nF} \ln \frac{p_0}{p_1}$$

式中　E——氧浓差电势，mV；

　　　　R——气体常数，8.3145J/(mol·K)；

　　　　T——以绝对温度表示的氧化锆探头工作温度 $T(K) = 273.15 + t(℃)$；

　　　　n——参加反应的电子数，对氧而言 $n=4$；

　　　　F——法拉第常数，96485.3383±0.0083C/mol；

　　　　p_0——参比气体中的氧分压；

　　　　p_1——待测气体中的氧分压。

氧化锆法的工作原理如图 3 - 27 所示。

由于空气的含氧量为 20.9%，且成本低廉，所以在分析烟气中的含氧量时，一般常用空气作为参比气体。以空气作为参比气体的情况下，不同温度下，氧浓差电势与被测气体的含氧量之间的关系如图 3 - 28 所示。

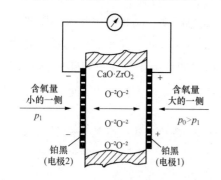

图 3 - 27　氧化锆法的工作原理

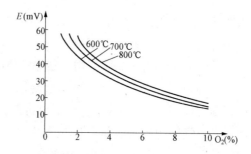

图 3 - 28　氧浓差电势与被测气体的含氧量之间的关系

被测气体温度、氧浓差电势与氧浓度对照表见表 3 - 22。

表 3 - 22　　　　　　　　被测气体温度、氧浓差电势与氧浓度对照表

氧浓度（%）	450℃ 18.513 mV	500℃ 20.64 mV	550℃ 22.772 mV	600℃ 24.902 mV	650℃ 27.022 mV	700℃ 29.128 mV	750℃ 31.214 mV	800℃ 33.277 mV	850℃ 35.314 mV
0.1	82.98	88.71	94.45	100.19	105.93	111.67	117.41	123.14	128.88
0.5	57.91	61.91	65.92	69.92	73.96	77.93	81.94	85.64	89.95
1.0	47.11	50.37	53.63	56.89	60.15	63.41	66.66	69.92	73.18
1.5	40.30	43.62	46.44	49.26	52.09	54.91	57.73	60.55	63.37
2.0	36.32	38.83	41.34	43.85	46.37	48.88	51.39	53.90	56.41
2.5	32.84	35.11	37.39	39.66	41.93	44.20	46.47	48.74	51.01
3.0	30.00	32.08	34.15	36.23	38.30	40.38	42.45	44.53	46.60

续表

氧浓度 (%)	450℃ 18.513 mV	500℃ 20.64 mV	550℃ 22.772 mV	600℃ 24.902 mV	650℃ 27.022 mV	700℃ 29.128 mV	750℃ 31.214 mV	800℃ 33.277 mV	850℃ 35.314 mV
3.5	27.60	29.51	31.42	33.33	35.24	37.15	39.06	40.97	42.88
4.0	25.52	27.29	29.05	30.82	32.58	34.35	36.11	37.88	39.64
4.5	23.69	25.33	26.96	28.60	30.24	31.88	33.52	35.16	36.80
5.0	22.05	23.57	25.01	26.62	28.15	29.67	31.20	32.72	34.25
5.5	20.56	21.98	23.41	24.83	26.25	27.67	29.10	30.52	31.94
6.0	19.21	20.54	21.86	23.19	24.52	25.85	27.18	28.51	29.84
6.5	17.96	19.20	20.45	21.69	22.93	24.17	25.41	26.66	27.90
7.0	16.01	17.97	19.13	20.29	21.46	22.62	23.78	24.94	26.11
7.5	15.73	16.82	17.91	19.00	20.08	21.17	22.26	23.35	24.44
8.0	14.73	15.75	16.76	17.78	18.80	19.82	20.84	21.86	22.88
8.5	13.78	14.74	15.69	16.64	17.60	18.55	19.50	20.46	21.41
9.0	12.89	13.78	14.63	15.57	16.46	17.35	18.24	19.14	20.03
9.5	12.05	12.88	13.72	14.55	15.38	16.22	17.05	17.89	18.72
10.0	11.25	12.03	12.81	13.59	14.36	15.14	15.92	16.70	17.48
10.5	10.49	11.22	11.94	12.67	13.39	14.12	14.85	15.57	16.30
11.0	9.77	10.44	11.12	11.79	12.47	13.15	13.82	14.50	15.17
11.5	9.07	9.70	10.33	10.96	11.59	12.21	12.84	13.47	14.10
12.0	8.41	8.99	9.58	10.16	10.74	11.32	11.90	12.49	13.07
12.5	7.78	8.31	8.85	9.39	9.93	10.47	11.00	11.54	12.08
13.0	7.16	7.66	8.16	8.65	9.15	9.64	10.14	10.64	11.13
13.5	6.58	7.03	7.49	7.94	8.40	8.85	9.31	9.76	10.22
14.0	6.01	6.43	6.84	7.26	7.67	8.09	8.51	8.92	9.34
14.5	5.46	5.84	6.22	6.60	6.98	7.36	7.73	8.11	8.49
15.0	4.94	5.28	5.62	5.96	6.30	6.64	6.99	7.33	7.67
15.5	4.43	4.73	5.04	5.34	5.65	5.96	6.26	6.57	6.88
16.0	3.93	4.20	4.48	4.75	5.02	5.29	5.56	5.84	6.11
16.5	3.45	3.69	3.93	4.17	4.41	4.65	4.89	5.12	5.36
17.0	2.99	3.19	3.40	3.61	3.81	4.02	4.23	4.43	4.64
17.5	2.54	2.71	2.89	3.06	3.24	3.41	3.59	3.76	3.94
18.0	2.10	2.24	2.39	2.53	2.68	2.82	2.97	3.11	3.26
18.5	1.67	1.79	1.90	2.02	2.13	2.25	2.36	2.48	2.60
19.0	1.25	1.34	1.43	1.52	1.60	1.69	1.78	1.86	1.95
19.5	0.85	0.91	0.97	1.03	1.09	1.15	1.20	1.26	1.32
20.0	0.46	0.49	0.52	0.55	0.58	0.61	0.65	0.68	0.71
20.6	0	0	0	0	0	0	0	0	0

注　参比气为大气，在理想状况下（本底为零时），热电偶为K分度号。

二、测试方法

测试方法参见第三章第一节中的"二、测试方法"。

三、试验仪器

氧化锆氧分析仪,较多用于测量燃烧过程中烟气的含氧浓度,同样也适用于非燃烧气体氧浓度测量。氧化锆氧量分析仪的构成是由氧传感器(又称氧探头、氧检测器)、氧分析仪(又称变送器、变送单元、转换器、分析仪)以及它们之间的连接电缆等组成。氧传感器包含一个测量室和一个泵室,其关键部件是传感器的顶端的氧化锆。为了使电池保持额定的工作温度,在传感器中设置了加热器,用氧分析仪内的温度控制器控制氧化锆温度恒定。

氧化锆分析仪的工作原理如图3-29所示。

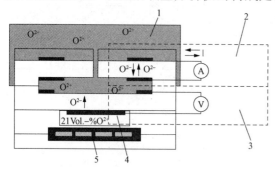

图3-29 氧化锆分析仪的工作原理

1—排气;2—泵室;3—测量池;4—参比介质;5—加热器

1. MCA-41-m移动型多组分气体分析

MCA-41-m移动型多组分气体分析仪相关参数见表3-23,MCA-41-m移动型多组分气体分析仪如图3-30所示。

表3-23　　　　　　　　MCA-41-m移动型多组分气体分析仪相关参数

仪器名称	移动型多组分气体分析仪
生产厂名	福德世环境监测技术股份公司
规格(型号)	MCA-41-m
测试气体类型	O_2
仪器原理	氧化锆法
工作量程	0~25%
测量精度	小于量程的2%

2. NTRON手提式氧气分析仪 Model 7100P

NTRON手提式氧气分析仪 Model 7100P相关参数见表3-24,NTRON手提式氧气分析仪 Model 7100P如图3-31所示。

表3-24　　　　　　　　NTRON手提式氧气分析仪相关参数

仪器名称	NTRON手提式氧气分析仪
生产厂名	NTRON(恩特龙)
规格(型号)	Model 7100P
测试气体类型	O_2
仪器原理	氧化锆法
工作量程	0~1000μL/L
精度	0~50μL/L,±3%;51~500μL/L,±5%;501~2000μL/L,±10%
响应时间	T90(达到最终读数90%处的时间)<15s

图 3-30 MCA-41-m 移动型多组分气体分析仪 图 3-31 NTRON 手提式氧气分析仪 Model 7100P

3. CRO-300 型氧化锆氧量分析仪

CRO-300 型氧化锆氧量分析仪相关参数见表 3-25，CRO-300 型氧化锆氧量分析仪如图 3-32 所示。

表 3-25 **CRO-300 型氧化锆氧量分析仪相关参数**

仪 器 名 称	氧化锆氧量分析仪
生产厂名	河南驰诚电气股份有限公司
规格（型号）	CRO-300
测试气体类型	O₂
仪器原理	氧化锆法
工作量程	0.1%～100%
基本误差	0～100μL/L，±3%；>100μL/L，±2%
重复性	<100μL/L，±1.5%；>100μL/L，±1%
响应时间	T90（达到最终读数 90% 处的时间）<10s

4. MODEL 314B-BT 便携式氧分析仪

MODEL 314B-BT 便携式氧分析仪相关参数见表 3-26，MODEL 314B-BT 便携式氧分析仪如图 3-33 所示。

表 3-26 **MODEL 314B-BT 便携式氧分析仪相关参数**

仪器名称	便携氧分析仪
生产厂名	NOVA
规格（型号）	MODEL 314B-BT
测试气体类型	O₂
仪器原理	氧化锆法
工作量程	10～100μL/L，100～1000μL/L，200～1000μL/L，0.5%～5%，0.1%～25%，1%～96%
精度	1%
响应时间	<10s

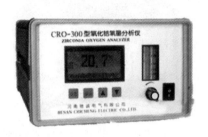 

图 3 - 32　CRO - 300 型氧化锆氧量分析仪　　图 3 - 33　MODEL 314B - BT 便携式氧分析仪

5. G405A 便携式常量氧分析仪

G405A 便携式常量氧分析仪相关参数见表 3 - 27，G405A 便携式常量氧分析仪如图 3 - 34 所示。

表 3 - 27　　　　　　　　　　G405A 便携式常量氧分析仪相关参数

仪器名称	便携式常量氧分析仪
生产厂名	北京方石亚盛科技发展有限公司
规格（型号）	G405A
测试气体类型	O_2
仪器原理	氧化锆法
工作量程	$0\sim100\mu L/L$，$0\sim100\%$
精度	1%
响应时间	<1s

6. SYSTECH 氧化锆氧分析仪 Zr810

SYSTECH 氧化锆氧分析仪 Zr810 相关参数见表 3 - 28，SYSTECH 氧化锆氧分析仪 Zr810 如图 3 - 35 所示。

表 3 - 28　　　　　　　　　SYSTECH 氧化锆氧分析仪 Zr810 相关参数

仪 器 名 称	SYSTECH 氧化锆氧分析仪
生产厂名	英国 SYSTECH
规格（型号）	Zr810
测试气体类型	O_2
仪器原理	氧化锆法
工作量程	$0.01\%\sim100\%$
精度	$\pm1\%$

图 3 - 34　G405A 便携式常量氧分析仪

图 3 - 35　SYSTECH 氧化锆氧分析仪 Zr810

7. DH - 6001 型氧化锆氧分析器

DH - 6001 型氧化锆氧分析器相关参数见表 3 - 29，DH - 6001 型氧化锆氧分析器如图 3 - 36 所示。

表 3 - 29　　　　　　　　　　DH - 6001 型氧化锆氧分析器相关参数

仪 器 名 称	氧化锆氧分析器
生产厂名	南京分析仪器厂有限公司
规格（型号）	DH - 6001 型
测试气体类型	O₂
仪器原理	氧化锆法
工作量程	0～10/100/1000μL/L，0～25%
基本误差	±2%

8. ZO - 3002 氧化锆氧分析仪

ZO - 3002 氧化锆氧分析仪相关参数见表 3 - 30，ZO - 3002 氧化锆氧分析仪如图 3 - 37 所示。

表 3 - 30　　　　　　　　　　ZO - 3002 氧化锆氧分析仪相关参数

仪 器 名 称	氧化锆氧分析仪
生产厂名	南京长鼎分析仪器制造有限公司
规格（型号）	ZO - 3002
测试气体类型	O₂
仪器原理	氧化锆法
工作量程	0.01%～100%
基本误差	<100μL/L 时±5%，>100μL/L 时±3%
重复性	<100μL/L，±2.5%；>100μL/L，±1.5%
响应时间	T90（达到最终读数90%处的时间）<10s

图3-36　DH-6001型氧化锆氧分析器

图3-37　ZO-3002氧化锆氧分析仪

四、仪器应用情况

仪器应用情况见表3 31。

表3-31　　　　　　　　　　仪 器 应 用 情 况

仪器名称	原理	优点	缺点	适用范围
MCA-41-m移动型多组分气体分析仪	氧化锆法	（1）测量数据稳定性较好。 （2）仪器测试管路全程加热，除水能力较好，可以测试高湿烟气。 （3）气泵的出力较大，可当烟道内部负压较大时，仍可使用。 （4）标准配置的采样枪长为1.5m，可以探到一般烟道的中心位置进行测试。 （5）氧传感器使用寿命较长	（1）主机非常沉，46kg以上，搬运不便。 （2）仪器使用时需要配备外接电源。 （3）仪器使用前需要预热。 （4）采样枪前端没有烟尘过滤装置，不适宜测量高烟尘气体	（1）适合测量除尘器后、湿法脱硫系统的原烟气，湿法脱硫系统的进口、出口烟气。 （2）测量SCR装置进口、出口和除尘入口烟气时，由于烟气中烟尘含量较大，会堵塞管路，影响仪器稳定运行

五、仪器的优缺点及改进建议

氧化锆法氧测定仪的优缺点见表3-32。

表3-32　　　　　　　　氧化锆法氧测定仪的优缺点

优点	缺点	改进建议
使用寿命普遍较长	价格较高，且普遍高于电化学法氧测定仪	
既适用于烟气、烟道氧的测量，也可用于其他场合，可检出微量的氧	仪器重量大	
同一台氧化锆法氧测定仪检测范围可以同时包括百万分之一级和百分比级	测量速度较慢	
不容易受到周围环境变化的干扰	需要预热	
	采样气体中不能含有高浓度的可燃气体（如氢气等）	提前对采样气体进行净化

续表

优点	缺点	改进建议
	多孔铂电极容易因气体中的硫、砷等的腐蚀以及细小粉尘的堵塞而失效	提前对采样气体进行过滤
	测量微量氧含量时，氢气、一氧化碳等气体会发生还原反应消耗氧气，导致测量值比实际值偏低	在测量时除去还原性气体

第三节　顺　磁　法

一、顺磁法相关原理

任何物质在外界磁场的作用下都会被磁化，呈现出一定的磁特性。物质在外加磁场中被磁化，其本身就会产生一个附加磁场，附加磁场与外磁场方向相同时，该物质就被外磁场吸引；附加磁场与外磁场方向相反时，则被外磁场排斥。因此，通常将被外磁场吸引的物质称为顺磁性物质，或者说该物质具有顺磁性；而把被磁场排斥的物质称为逆磁性物质，或者说该物质具有逆磁性。气体介质处于磁场中也会被磁化，根据气体组分对磁场的吸引和排斥的不同，也将气体分为顺磁性和逆磁性。O₂属于顺磁性气体。

顺磁法测量氧含量是基于氧气是顺磁性物质，其体积磁化率远大于其他气体的体积磁化率，因此利用顺磁法分析氧含量一直是最为有效的方法之一。

1. 标准中关于顺磁式氧分析器的规定

根据JJG 662—2005《顺磁式氧分析器检定规程》的规定，热磁式氧分析器、磁压力式氧分析器、磁机械式氧分析器通常为在线检测（或监测）仪表，用于连续自动分析气体中的氧含量。其工作原理均基于氧的顺磁性。利用氧在磁场中被吸引而产生相应的热磁对流（热磁式）、压力差（磁压力式）、密度梯度（磁机械式），并通过检测元件将热磁对流、压力差、密度梯度转化为电信号，从而实现被测气体中氧浓度的测量。

2. 热磁式氧分析器原理

热磁式氧分析器是利用氧的顺磁性，使其在非均匀磁场作用下形成热磁对流，冷却热敏元件，通过对热敏元件相应电阻的测量，并结合导热率产生的磁风大小与被测气中氧气的浓度成比例的特性，实现氧气定量分析的仪器。

热磁式氧分析器工作原理如图3-38所示。

3. 磁压力式氧分析器原理

被测气体进入磁场后，在磁场作用下气体的压力将发生变化，致使气体在磁场内和无磁场空间存

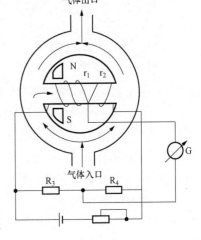

图3-38　热磁式氧分析器的工作原理

在着压力差,磁压力式氧分析器就是利用被测气体在磁场作用下压力的变化来测量含氧量。

磁压力式氧分析器工作原理如图 3-39 所示。

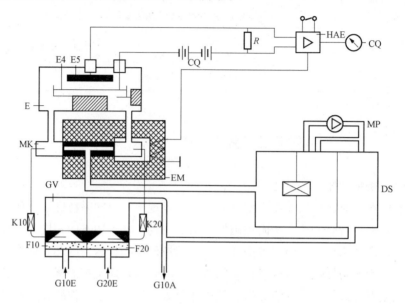

图 3-39　磁压力式氧分析器的工作原理

4. 磁机械式氧分析器原理

磁力机械式氧分析器的内部密闭气室中,装有两对非均匀磁场的磁极,在非均匀磁场中悬挂有哑铃形磁敏元件,氧分子因其自身的强顺磁性被磁化改变磁场强度,产生排斥力矩使哑铃偏转,偏转角与被测气体中的氧浓度成正比,这一偏转将带动磁场正中的反射镜,使射向光检测器的光路也发生偏转。光检测器将会测出这一偏转,并产生电信号,经由放大器放大后经回馈电路形成回路,在磁场作用下推动哑铃回复主平衡位置,此回路中电流值与氧含量成正比。通过测量该电流值即可得到被测气体中的氧含量。

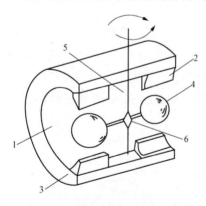

图 3-40　磁力机械式氧分析器的工作原理
1—密闭气室;2、3—磁极;4—空心球体;
5—弹性金属带;6—反射镜

磁力机械式氧分析器工作原理如图 3-40 所示。

二、测试方法

测试方法参见第三章第一节中的"二、测试方法"。

三、试验仪器

顺磁式氧分析仪是根据氧气在磁场中具有极高的顺磁特性的原理制成的。磁性氧气传感器是顺磁式氧分析仪的核心。这种传感器只能用于氧气的检测,选择性很好。

1. BA4000 顺磁氧便携式氧分析仪

BA4000 顺磁氧便携式氧分析仪相关参数见表 3-33，BA4000 顺磁氧便携式氧分析仪如图 3-41 所示。

表 3-33　　　　　BA4000 顺磁氧便携式氧分析仪相关参数

仪 器 名 称	顺磁氧便携式氧分析仪
生产厂名	南京长鼎分析仪器制造有限公司
规格（型号）	BA4000
测试气体类型	O_2
仪器原理	磁机械式
工作量程	$0\sim10\%/25\%/100\%$
精度	0.1%
重复性	$\pm0.05\%$
响应时间	T90（达到最终读数 90％处的时间）＜10s

2. SERVOTOUGH 氧气分析仪（1900 数字式）

SERVOTOUGH 氧气分析仪（1900 数字式）相关参数见表 3-34，SERVO-TOUGH 氧气分析仪（1900 数字式）如图 3-42 所示。

表 3-34　　　　SERVOTOUGH 氧气分析仪（1900 数字式）相关参数

仪 器 名 称	SERVOTOUGH 氧气分析仪（1900 数字式）
生产厂名	英国 SERVOMEX
规格（型号）	SERVOTOUGH Oxy1900
测试气体类型	O_2
仪器原理	顺磁法
工作量程	$0\sim100\%$
基本误差	$\pm1\%$
精度	$\pm1\%$

图 3-41　BA4000 顺磁氧便携式氧分析仪　图 3-42　SERVOTOUGH 氧气分析仪（1900 数字式）

3. NOVA412 顺磁过程氧分析仪

NOVA412 顺磁过程氧分析仪相关参数见表 3 - 35，NOVA412 顺磁过程氧分析仪如图 3 - 43。

表 3 - 35 　　　　　　　　　　　NOVA412 顺磁过程氧分析仪相关参数

仪 器 名 称	顺磁过程氧分析仪
生产厂名	加拿大 NOVA
规格（型号）	NOVA412
测试气体类型	O_2
仪器原理	顺磁式
工作量程	0～100％
精度	±0.05％
响应时间	T90（达到最终读数 90％处的时间）＜5s

4. MODEL 322B - BT 便携式氧分析仪

MODEL 322B - BT 便携式氧分析仪相关参数见表 3 - 36，MODEL 322B - BT 便携式氧分析仪如图 3 - 44 所示。

表 3 - 36 　　　　　　　　　MODEL 322B - BT 便携式氧分析仪相关参数

仪 器 名 称	便携式氧分析仪
生产厂名	NOVA
规格（型号）	MODEL 322B - BT
测试气体类型	O_2
仪器原理	顺磁法
工作量程	0～2％/100％
精度	±0.05％
响应时间	T90（达到最终读数 90％处的时间）＜5s

图 3 - 43　NOVA412 顺磁过程氧分析仪　　图 3 - 44　MODEL 322B - BT 便携式氧分析仪

5. EN-560 磁氧分析仪

EN-560 磁氧分析仪相关参数见表 3-37，EN-560 磁氧分析仪如图 3-45 所示。

表 3-37　EN-560 磁氧分析仪相关参数

仪器名称	磁氧分析仪
生产厂名	上海英盛分析仪器有限公司
规格（型号）	EN-560
测试气体类型	O_2
仪器原理	热磁式
工作量程	0~50%，97%~100%
准确度	±0.15%
重复性	±0.1%
响应时间	T90（达到最终读数 90% 处的时间）<40s
稳定性	±0.1%

图 3-45　EN-560 磁氧分析仪

四、仪器的优缺点及改进建议

顺磁法氧测定仪的优缺点见表 3-38。

表 3-38　顺磁法氧测定仪的优缺点

优　　点	缺　　点	改　进　建　议
可用于分析氧含量高的气体	价格偏高	
稳定性较好	多数只能进行百分比级氧含量的测量	
使用寿命长	对采样气体的预处理以及测量环境等要求较高，采样气体中的烟尘、焦油、水汽等都会对测量结果产生影响，甚至损坏传感器	
	需保证仪器在测量时水平放置	
	易受振动影响	仪器周围不能有较大功率的设备
	易受强磁场影响	仪器周围不能有较大功率的动力线
	对采样气体的进气流量比较敏感	保证进气压力的稳定
	存在背景气体的干扰问题	避免在背景气体中含有较大量的 NO 气体和 NO_2 气体等磁化率较高的气体时使用仪器

第四节　激光测氧法

一、激光测氧原理

激光测氧法是基于氧分子能够吸收特定波长激光的特性，在仪器内部由激光二极管产生一束光强已知的固定波长激光束，该光束射入充满待测气体样品的测量池，在测量池两侧的两块反射镜之间来回反射数次后，一部分光被气体样品中的氧所吸收，剩余的光束被反射至收集极后被捕集。

根据朗伯比尔定律，光被吸收的量正比于光程中产生光吸收的分子数目，即被吸收后的光束强度与原始光强之间的比值与气体样品中的氧含量成比例。因此，可以根据特定波长激光被吸收的量，计算出烟气中的氧含量。

朗伯比尔定律（Beer-Lambert Law）：

$$A = \ln \frac{1}{T} = Kbc$$

式中　A——吸光度；

　　　T——透射比，透射光强度与入射光强度的比值；

　　　K——摩尔吸收系数，L/（mol·cm）；

　　　b——吸收层厚度，cm；

　　　c——吸光物质的浓度，mol/L。

激光测氧法工作原理如图 3-46 所示。

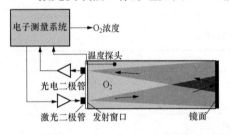

图 3-46　激光测氧法的工作原理

二、测试方法

测试方法参见第三章第一节中的"二、测试方法"。

三、试验仪器

1. TG-701 型激光氧量分析仪

TG-701 型激光氧量分析仪相关参数见表 3-39，TG-701 型激光氧量分析仪如图 3-47 所示。

表 3-39　　　　　　　　**TG-701 型激光氧量分析仪相关参数**

仪　器　名　称	激光氧量分析仪
生产厂名	西安泰戈分析仪器有限责任公司
规格（型号）	TG-701 型
测试气体类型	O_2
仪器原理	激光法
工作量程	0.01%～2.00%，0.01%～100%
准确度	0.03%
重复性	±0.05%
响应时间	T90（达到最终读数90%处的时间）<0.6s

2. O2iL 激光氧分析仪

O2iL 激光氧分析仪相关参数见表 3-40，O2iL 激光氧分析仪如图 3-48 所示。

表 3 - 40　　　　　　　　　　激光氧分析仪 O2iL 相关参数

仪 器 名 称	激光氧分析仪
生产厂名	美国 Oxigraf
规格（型号）	O2iL
测试气体类型	O₂
仪器原理	激光法
工作量程	0～10%，0～100%

图 3 - 47　TG - 701 型激光氧量分析仪　　　图 3 - 48　O2iL 激光氧分析仪

四、仪器的优缺点及改进建议

激光法氧测定仪的优缺点见表 3 - 41。

表 3 - 41　　　　　　　　　　激光法氧测定仪的优缺点

优　　点	缺　　点	改 进 建 议
对采样气体的预处理要求相对较低	价格偏高	
对测量环境要求相对较低	测量高烟尘气体时，烟尘对激光的折射和散射会影响到测量结果的准确性	配备相应的吹扫装置
分析速度快	当仪器暴露在低温环境时，高湿气体会导致反射镜片结冰，影响测量准确性	对仪器进行保温处理
响应时间短		

第五节　离线测试和在线测试数据的比对实例

一、影响仪器测试数据的因素

1. 预处理系统

仪器测试数据的最终结果不仅由仪器本身及其测试原理决定，很大程度上取决于其预处理系统的设计是否合理。

仪器的预处理系统包括取样、输送、预处理、排放。通过预处理系统，可以调整采样气体进入分析仪器的压力、流量、温度，可以清除掉对仪器有损伤的气体成分和对分析结果有干扰的气体成分。采样气体经过预处理后，既保证了仪器运行的安全稳定，又保证了分析结果的准确可靠。

2. 采样点位置

采样点位置的选择，应符合国家相关标准、规章、规程的规定，既要保证采样气体具有代表性，又要保证采样结果的响应速度满足要求。采样探头插入的时候应避免管道上部可能存在的蒸汽和气泡以及管道底部可能存在的残渣和沉淀物的影响，应避免管道内部的设施及可能存在的凝液对采样探头的影响。

二、比对实例

（一）某电厂330MW机组脱硝系统进口、出口烟气氧量比对

某电厂330MW机组在2016年底进行在线表计比对测试，机组满负荷运行时，该厂烟气参数见表3-42。

表3-42　　　　　　　　　　某电厂330MW机组烟气参数

项目	单位（体积百分比）	数据（BMCR 干基）		
省煤器出口烟气成分（过量空气系数为1.17）		设计煤质	校核煤质1	校核煤质2
CO_2	%	15.91	15.89	16.25
O_2	%	3.11	3.11	3.09
N_2	%	80.93	80.94	80.59
H_2O	%	0	0	0

锅炉不同负荷时的省煤器出口烟气量和温度

项目	BMCR	THA	VP75％THA	VP50％THA	高压加热器全切
省煤器出口干烟气量（设计煤种）（t/h）	1266	1162	955	729	1189
省煤器出口烟气温度（设计煤种）（℃）	387	377	359	345	363
省煤器出口过量空气系数（设计煤种）	1.17	1.17	1.26	1.397	1.17
锅炉计算燃煤量（设计煤种）（t/h）	184	169	129	89	173
省煤器出口干烟气量（校核煤种1）（t/h）	1276	1171	962	734	1197
省煤器出口烟气温度（校核煤种1）（℃）	389	378	359	344	364
省煤器出口过量空气系数（校核煤种1）	1.17	1.17	1.26	1.397	1.17
锅炉计算燃煤量（校核煤种1）（t/h）	205	188	144	99	192

续表

项目	BMCR	THA	VP75%THA	VP50%THA	高压加热器全切
省煤器出口干烟气量（校核煤种2）（t/h）	1215	1113	915	698	1142
省煤器出口烟气温度（校核煤种2）（℃）	385	377	359	352	362
省煤器出口过量空气系数（校核煤种2）	1.17	1.17	1.26	1.397	1.17
锅炉计算燃煤量（校核煤种2）（t/h）	172	157	121	84	162

某电厂在线仪器和比对测试单位使用仪器见表3-43。

表3-43　仪器相关参数

项目	某电厂的在线仪器	比对测试单位的仪器
仪器厂家	北京雪迪龙科技股份有限公司	英国KANE公司
仪器型号	SCS-900烟气连续监测系统	KM9106E型烟气分析仪
氧量测量的原理	燃料电池	燃料电池
量程	0~5%/25%	0~25%

某电厂330MW机组脱硝系统进口、出口烟气氧量测试数据及结果见表3-44。

表3-44　比对测试结果

测试位置	A侧进口			A侧出口		
组分	氧量实测（%）	氧量在线（%）	相对误差（%）	氧量实测（%）	氧量在线（%）	相对误差（%）
组分测试数据	3.6	3.5	—	4.4	4.0	—
	3.9	3.4	—	4.5	4.3	—
	3.2	3.2	—	4.4	4.7	—
	3.5	3.3	—	4.3	4.9	—
	3.6	3.3	—	4.4	4.7	—
	3.4	3.2	—	4.3	4.6	—
	3.9	3.4	—	4.2	4.4	—
	3.7	3.1	—	4.0	4.5	—
平均值	3.60	3.30	8.33	4.31	4.51	−4.64

续表

测试位置	B 侧进口			B 侧出口		
组分	氧量实测（%）	氧量在线（%）	相对误差（%）	氧量实测（%）	氧量在线（%）	相对误差（%）
组分测试数据	4.4	4.8	—	6.0	6.0	—
	4.2	4.6	—	5.9	6.2	—
	4.4	4.6	—	5.8	6.3	—
	4.6	4.9	—	5.8	6.3	—
	4.4	5.1	—	5.8	6.4	—
	4.3	4.8	—	6.0	6.6	—
	4.5	5.1	—	6.2	6.2	—
	4.8	4.9	—	6.1	6.7	—
平均值	4.45	4.85	−8.99	5.95	6.34	−8.07

（二）某电厂350MW机组脱硝系统进口烟气氧量比对

某电厂330MW机组在2016年底进行在线表计比对测试，机组满负荷运行时，该厂烟气参数见表3-45。

表 3-45　　　　某电厂 330MW 机组烟气参数

项目	单位	设计煤种	校核煤种
省煤器出口烟气成分（过量空气系数为1.2，湿基，重量百分比）			
CO_2	%	21.66	21.58
O_2	%	3.48	3.48
N_2	%	69.15	69.16
SO_2	%	0.17	0.22
H_2O	%	5.53	5.55
省煤器出口烟气量和温度（BMCR）			
项目	设计煤种		校核煤种
燃煤量（t/h）	187.5		217.9
省煤器出口湿烟气量（m^3/h，标况）	1164883		1167424
省煤器出口烟气温度（℃）	378		378

某电厂在线仪器和比对测试单位使用仪器见表3-46。

表 3-46　　　　仪 器 相 关 参 数

项目	某电厂的在线仪器	比对测试单位的仪器
仪器厂家	北京雪迪龙科技股份有限公司	北京雪迪龙科技股份有限公司
仪器型号	SCS-900 烟气连续监测系统	Model 3080 型
氧量测量的原理	燃料电池	燃料电池
量程	0～5%/25%	0～5%/25%

某电厂330MW机组脱硝系统进口烟气氧量测试数据及结果见表3-47。

表3-47   比 对 测 试 结 果

测试位置	A 侧进口			B 侧进口		
组分	氧量实测 （％）	氧量在线 （％）	相对误差 （％）	氧量实测 （％）	氧量在线 （％）	相对误差 （％）
组分测试数据	6.07	6.01	—	5.45	5.01	—
	5.79	6.22	—	5.42	5.07	—
	5.70	6.55	—	4.91	4.39	—
	5.50	6.55	—	4.35	3.88	—
	5.46	6.37	—	5.06	4.50	—
	5.37	6.14	—	5.46	5.17	—
	5.41	6.01	—	5.54	5.23	—
	5.50	5.94	—	5.73	5.41	—
平均值	5.60	6.22	—11.1	5.24	4.83	7.8

（三）某电厂350MW机组脱硫系统出口烟气氧量比对

某电厂350MW机组在2016年底进行在线表计比对测试，机组满负荷运行时，该厂烟气参数见表3-48。

表3-48   某电厂350MW机组烟气参数

FGD 设计工况［SO₂含量干态 2020mg/m³（标况下）］下的数据		
烟气量（湿态）	m³/h（标况下）	1379109
烟气量（干态）	m³/h（标况下）	1265372
最大烟温（正常运行）	℃	123
FGD 入口处污染物浓度（标态，干态）		
SO₂	mg/m³（标况下），干态	2125.1
SO₃	mg/m³（标况下），干态	59.5
最大烟尘	mg/m³（标况下），干态	50
FGD 后污染物浓度（标准状况，干态下）（净烟气）		
SOₓ 和 SO₂	mg/m³（标况下），干态	106
SO₃	mg/m³（标况下），干态	41.5
烟尘	mg/m³（标况下），干态	25

某电厂在线仪器和比对测试单位使用仪器见表3-49。

表3-49   仪 器 相 关 参 数

项目	某电厂的在线仪器	比对测试单位的仪器
仪器厂家	北京雪迪龙科技股份有限公司	福德世环境监测技术股份公司
仪器型号	SCS-900 烟气连续监测系统	MCA-41-m
氧量测量的原理	燃料电池	氧化锆
量程	0～5％/25％	0～5％/25％

某电厂 350MW 机组脱硫系统出口烟气氧量测试数据及结果见表 3-50。

表 3-50 比 对 测 试 结 果

测试位置	出口测点一			出口测点二		
组分	氧量实测（%）	氧量在线（%）	相对误差（%）	氧量实测（%）	氧量在线（%）	相对误差（%）
组分测试数据	7.16	6.89	—	7.10	6.74	—
	7.12	6.88	—	7.07	6.71	—
	7.15	6.93	—	7.13	6.91	—
	7.17	6.97	—	7.23	6.91	—
	7.15	6.92	—	7.25	6.99	—
	7.18	6.87	—	7.25	7.01	—
	7.24	7.04	—	7.21	6.90	—
	7.30	7.09	—	7.17	6.85	—

（四）某电厂 200MW 机组脱硫系统出口烟气氧量比对

某电厂 200MW 机组在 2014 年底进行在线表计比对测试，机组满负荷运行时，该厂烟气参数见表 3-51。

表 3-51 某电厂 200MW 机组烟气参数

FGD 设计工况 [SO_2 含量干态 2020mg/m³（标况下）] 下的数据		
烟气量（湿态）	m³/h（标况下）	874800
烟气量（干态）	m³/h（标况下）	806400
最大烟温（正常运行）	℃	121
FGD 入口处污染物浓度（标态，干态）		
SO_2	mg/m³（标况下），干态	1411
SO_3	mg/m³（标况下），干态	30
最大烟尘	mg/m³（标况下），干态	100
FGD 后污染物浓度（标准状况，干态下）（净烟气）		
SO_x 和 SO_2	mg/m³（标况下），干态	71
SO_3	mg/m³（标况下），干态	18
烟尘	mg/m³（标况下），干态	50

某电厂在线仪器和比对测试单位使用仪器见表 3-52。

表 3-52 仪 器 相 关 参 数

项目	某电厂的在线仪器	比对测试单位的仪器
仪器厂家	北京雪迪龙科技股份有限公司	德图
仪器型号	SCS-900C 烟气连续监测系统	Testo350
二氧化硫测量的原理	电化学法	电化学法
量程	0～5%/25%	0～21%

某电厂 200MW 机组脱硫系统出口烟气氧量测试数据及结果见表 3-53。

表 3-53 　　　　　　　　　　　比 对 测 试 结 果

测试位置	出口测点		
组分	氧量实测（%）	氧量在线（%）	相对准确度（%）
组分测试数据	7.0	6.7	—
	6.8	6.7	—
	6.8	6.7	—
	6.9	6.8	—
	7.0	6.8	—
	6.9	6.8	—
	7.0	6.9	—
	7.0	6.9	—
	6.9	6.9	—
	6.9	6.9	—

（五）仪器故障判断和解决方法

（1）北京雪迪龙 SCS-900 烟气连续监测系统故障判断和解决办法见表 3-54。

表 3-54 　　　　　　　　　　SCS-900 故障判断和解决办法

故障现象	解 决 办 法
流量低	探头过滤器堵塞和泵工作不正常是主要原因，应对二者进行检查。需要时还应做系统气密性检查（依据气路流程图）
保护过滤器积尘多	积尘多的主要原因是探头过滤器损坏，应及时检查清洗或更换
保护过滤器变色	探头加热及取样管加热是否正常及压缩机冷凝器、蠕动泵工作是否正常。如出现保护过滤器异常不及时处理，将可能造成取样管线的堵塞。那时清洗的工作量将加大
制冷器后管路有水汽	应检查制冷器及蠕动泵。尤其要检查蠕动泵栗管，如泵管不在正常位置时应及时调整，如泵管损坏应及时更换
（1）取样管堵塞。 （2）气体冷凝器的冷腔有粉尘物	采用人工的方法对其清洗疏通

（2）KM9106E 型烟气分析仪故障判断和解决办法见表 3-55。

表 3-55 　　　　　　　　　　KM9106E 故障判断和解决办法

故 障 现 象	解 决 办 法
（1）氧气读数太高。 （2）二氧化碳读数太低	（1）探针、导管、水收集器或各连接处漏气。 （2）氧传感器需要更换
（1）氧气显示错误（Err.）。 （2）有害气体显示错误（Err.）	（1）自校准时间设置得太短导致仪器达不到稳定状态。 （2）操作仪器时的环境温度过低。 （3）氧或有害气体传感器需要更换

续表

故 障 现 象	解 决 办 法
(1) 仪器电池充电无效。 (2) 仪器不能充电	(1) 充电电池需要更换。 (2) AC 充电器输出错误。 (3) 电源插座熔断器断路
仪器对烟气无反应	(1) 粉尘过滤器阻塞。 (2) 探针或导管阻塞。 (3) 抽气泵不工作或因污物进入堵塞受损。 (4) 探针连接到压力接口
烟气温度读数错误	(1) 温度插头被插反。 (2) 连接错误或探针、温度导线折断
仪器在运行中自动断电	(1) 电池电量低于报警线。 (2) 环境温度高于 50℃。 (3) 电池被短路
屏幕显示出现黑线，按 ON/OFF 无反应	(1) 仪器电器方面故障需重新设定。 (2) 需与 Kane International 技术服务中心联系

（3）Model 3080 便携式红外线烟气气体分析仪故障判断和解决办法见表 3 - 56。

表 3 - 56　　　　　　　Model 3080 故障判断和解决办法

故 障 现 象	解 决 办 法
探头滤芯堵塞	(1) 使用压缩空气反吹探头。 (2) 更换探头滤芯
蠕动泵不排水	更换蠕动泵管
阻水过滤器进水	(1) 制冷器温度是否正常。 (2) 检查冷凝器风扇是否正常运行。 (3) 检查蠕动泵是否正常工作。 (4) 更换阻水过滤器。 (5) 如继续出现此问题，返修
NO_x 转换器开启按钮指示灯	(1) NO_x 转换器加热套损坏。 (2) 更换加热套
冷凝器温度＞4℃	检查冷凝器风扇是否工作正常。断开预处理与主机连接，抽洁净空气。观察冷凝器温度是否正常（2℃）
NO_x 转换器开启 按钮指示灯亮	NO_x 转换器加热套损坏。 更换加热套
冷凝器温度＞4℃	检查冷凝器风扇是否工作正常。断开预处理与主机连接，抽洁净空气。观察冷凝器温度是否正常（2℃）

（4）MCA - 41 - m 移动型多组分气体分析仪故障判断和解决办法见表 3 - 57。

表 3 - 57　　　　　　　　MCA - 41 - m 故障判断和解决办法

故障现象	解 决 办 法
氧加热传感器硬件故障	（1）发生临时故障信息时等待故障信息消失即可。 （2）发生永久故障信息时需要联系厂家
氧传感器受限	（1）升温阶段未完成。等待升温完成即可。 （2）参数及设定值错误。按照说明书检查参数设置并改正即可。 （3）控制器错误。进行仪器复位，切断电源后，再次接通电源并等到加热阶段结束。 （4）氧传感器缺陷。更换氧传感器

（5）Testo350 烟气分析仪故障判断和解决办法见表 3 - 58。

表 3 - 58　　　　　　　Testo350 烟气分析仪故障判断和解决办法

故障现象	解 决 办 法
显示氧传感器故障	（1）发生临时故障信息时等待故障信息消失即可。 （2）发生永久故障信息时需要更换氧传感器
氧传感器温度过高	采样烟气温度超过传感器温度范围，应及时停止测量

第四章

SO₂ 测 试 技 术

二氧化硫是一种影响面较广的气态污染物，它主要来自于化石燃料的燃烧过程。燃煤电厂的二氧化硫排放量很大。

二氧化硫是一种有毒刺激性气体，对人类的呼吸系统有毒害作用，可导致人呼吸困难，引起呼吸方面的疾病，严重时可导致人死亡。二氧化硫会破坏植物的组织，导致植物的叶子受到损害，庄稼减产。二氧化硫遇到水蒸气会形成硫酸雾，硫酸雾的毒性大于二氧化硫，可以滞留在空气中，对人体造成毒害。二氧化硫是形成酸雨的主要污染物之一，酸雨会对森林、湖泊、河流等生态系统造成损害，会改变土壤的性质和结构，会腐蚀建筑物、破坏文物古迹。

在污染物排放监测系统中，脱硫设备前后都设有二氧化硫浓度分析仪。对于火电厂而言，二氧化硫排放量是其一项重要的考核指标，如果二氧化硫超标排放的时间超过国家规定的范围，火电厂会损失相应的环保电价，甚至被罚款。

第一节 甲醛吸收－副玫瑰苯胺分光光度法

一、甲醛吸收－副玫瑰苯胺分光光度法原理

依据 HJ 482—2009《环境空气 二氧化硫的测定 甲醛吸收－副玫瑰苯胺分光光度法》，该方法的原理为二氧化硫被甲醛缓冲溶液吸收后，生成稳定的羟甲基磺酸加成化合物，在样品溶液中加入氢氧化钠使加成化合物分解，释放出的二氧化硫与副玫瑰苯胺、甲醛作用，生成紫红色化合物，用分光光度计在波长 577nm 处测量吸光度。

二、测试方法

依据 GB/T 16157—1996《固定污染源排气中颗粒物测定与气态污染物采样方法》，如果仅测试气态污染物的浓度，由于其在采样断面内一般是混合均匀的，可取靠近烟道中心的一点作为采样点，并应注意避开涡流区。

三、试验仪器

该方法的试验仪器包括：分光光度计；用于短时间采样的 10mL 多孔玻璃板吸收管；用于 24h 连续采样的 50mL 多孔玻璃板吸收管；控制范围 0～40℃、控制精度为

±1℃的恒温水浴；10mL 具塞比色管（用过的比色管和比色皿应及时用盐酸 - 乙醇清洗液浸洗，否则红色难以洗净）；流量范围 0.1～1 L/min 具有保温装置的用于短时间采样的普通空气采样器；流量范围 0.1～0.5 L/min 具备有恒温、恒流、计时、自动控制开关功能的用于 24h 连续采样的采样器；一般实验室常用仪器。

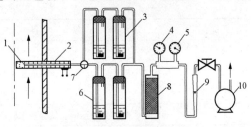

图 4 - 1　采样系统

1—烟道；2—加热采样管；3—旁路吸收瓶；
4—温度计；5—真空压力表；6—吸收瓶；7—三通阀；
8—干燥器；9—流量计；10—抽气泵

四、采样系统

采样系统如图 4 - 1 所示。

五、仪器的优缺点及改进建议

甲醛吸收 - 副玫瑰苯胺分光光度法的优缺点见表 4 - 1。

表 4 - 1　　　　　　　　甲醛吸收 - 副玫瑰苯胺分光光度法的优缺点

优点	缺点	改进建议
测量二氧化硫的灵敏性较高	采样结果会受到臭氧的干扰	采样后放置一段时间可使臭氧自行分解
测量数据的精密度较高	采样结果会受到氮氧化物的干扰	加入氨磺酸钠溶液可消除氮氧化物的干扰
	采样结果会受到重金属元素的干扰	吸收液中加入磷酸及环己二胺四乙酸二钠盐可以消除或减少某些金属离子的干扰
	当 10mL 样品溶液中含有 10μg 二价锰离子时，可使样品的吸光度降低 27%	
	采样气体中二氧化硫浓度较高时，测试结果会受到影响	用吸收液稀释样品，并适当缩短采样时间
	采样体积不容易精确控制	采用能准确计量采样体积的临界限流孔采样器，抽气流量为 0.2L/min。多孔玻璃板吸收管的阻力应控制在 6.0kPa±0.6kPa 范围内，保障 2/3 玻板面积发泡均匀，边缘没有气泡逸出
	采样吸收液的温度控制要求较高。采样时吸收液的温度在 23～29℃时，吸收效率为 100%。10～15℃时，吸收效率偏低 5%。高于 33℃或低于 9℃时，吸收效率偏低 10%	使用水浴锅等设备把吸收液温度控制在一定范围内
	操作过程复杂，试验重复性差	显色温度低，显色慢，稳定时间长。显色温度高，显色快，稳定时间短。操作人员必须了解显色温度、显色时间和稳定时间的关系，严格控制反应条件

优　点	缺　点	改　进　建　议
	采样结果会受到六价铬的负干扰	应避免用硫酸－铬酸洗液洗涤玻璃器皿。若已用硫酸－铬酸洗液洗涤过，则需用盐酸溶液（1＋1）浸洗，再用水充分洗涤
	采样样品的运输、储存要求较高	储存样品的容器应避免阳光照射

第二节　碘　量　法

一、碘量法原理

依据 HJ/T 56—2000《固定污染源排气中二氧化硫的测定　碘量法》，该方法的原理为烟气中的二氧化硫被氨基磺酸氨混合溶液吸收，用碘标准溶液滴定。按滴定量计算二氧化硫浓度。反应式如下：

$$SO_2 + H_2O \Longrightarrow H_2SO_3$$
$$H_2SO_3 + H_2O + I_2 \Longrightarrow H_2SO_4 + 2HI$$

二、测试方法

测试方法参见第四章第一节中的"二、测试方法"。

三、试验仪器

该方法的试验仪器包括烟气采样器、多孔玻璃板吸收瓶棕色酸式滴定管、大气压力计、烟尘测试仪或能测定管道气体参数的其他测试仪。

四、仪器的优缺点及改进建议

碘量法的优缺点及改进建议见表 4 - 2。

表 4 - 2　　　　　　　　碘量法的优缺点及改进建议

优　　点	缺　　点	改　进　建　议
测定 SO_2 浓度范围较宽，易于推广	使用该方法采样后，需要尽快对样品进行滴定，样品放置时间不能超过 1h。在实际的试验过程，往往涉及不同采样点的多个样品采集，整个试验时间往往超过 1h，无法实现全部试验结束之后的集中滴定	每采集完一个样品，立刻把样品从试验现场送到实验室进行化验滴定
设备简单、成本较低	吸收液的温度对低浓度二氧化硫的测定结果影响较明显	通过在吸收瓶外用冰浴或冷水浴控制吸收液的温度，提高吸收效率
	对不同浓度的二氧化硫要控制不同的采样时间	通过物料核算或 CEMS 系统显示值，提前确定二氧化硫的浓度范围，然后确定采样时间，最后再开始测量工作

第三节 定电位电解法

一、定电位电解法原理

依据 HJ/T 57—2000《固定污染源排气中二氧化硫的测定 定电位电解法》，该方法的原理为烟气中二氧化硫扩散通过传感器渗透膜，进入电解槽，在恒电位工作电极上发生氧化反应，即

$$SO_2 + 2H_2O \Longrightarrow SO_4^{2-} + 4H^+ + 2e$$

由此产生极限扩散电流 i 在一定范围内，其电流大小与二氧化硫浓度成正比，即

$$i = \frac{ZFSD}{\delta} \cdot c$$

在规定工作条件下，电子转移数 Z、法拉第常数 F、扩散面积 S、扩散系数 D 和扩散层厚度 δ 均为常数，所以二氧化硫浓度 c 可由极限电流 i 来测定。

定电位解法烟气分析仪的测试原理：采样气体经除尘过滤、干燥后，通过采样管送至传感器的气室，传感器输出的电信号通过电子线路将模拟信号放大，转换成二氧化硫的浓度读数。

二、测试方法

测试方法参见第四章第一节中的"二、测试方法"。

三、试验仪器

该方法的试验仪器包括定电位电解法二氧化硫测定仪、带加热和除湿装置的二氧化硫采样管、不同浓度二氧化硫标准气体系列或二氧化硫配气系统、能测定管道气体参数的测试仪、颗粒物过滤器。

1. 崂应 3022 型烟气综合分析仪（15 代）

崂应 3022 型烟气综合分析仪（15 代）相关参数见表 4-3，崂应 3022 型烟气综合分析仪（15 代）如图 4-2 所示。

表 4-3 崂应 3022 型烟气综合分析仪（15 代）相关参数

仪器名称	烟气综合分析仪（15 代）
生产厂名	青岛崂山应用技术研究所
规格（型号）	3022 型
测试气体类型	SO₂
仪器原理	定电位电解法
示值误差	≤±5%
重复性	≤2.0%
响应时间	≤90s
稳定性	1h 内示值变化≤5%

图 4-2 崂应 3022 型烟气
综合分析仪（15 代）

2. 凯恩 KM850 烟气分析仪

凯恩 KM850 烟气分析仪相关参数见表 4-4，凯恩 KM850 烟气分析仪如图 4-3 所示。

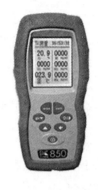

图 4-3　凯恩 KM850 烟气分析仪

表 4-4　凯恩 KM850 烟气分析仪相关参数

仪器名称	烟气分析仪
生产厂名	英国凯恩
规格（型号）	KM850
测试气体类型	SO$_2$
仪器原理	定电位电解法
工作量程	0～200μL/L
精度	≤±5%
响应时间	≤20s
稳定性	1h 内示值变化≤5%

3. 凯恩 KM950 烟气分析仪

凯恩 KM950 烟气分析仪相关参数见表 4-5，凯恩 KM950 烟气分析仪如图 3-9 所示。

表 4-5　凯恩 KM950 烟气分析仪相关参数

仪器名称	烟气分析仪
生产厂名	英国凯恩
规格（型号）	KM950
测试气体类型	SO$_2$
仪器原理	定电位电解法
工作量程	0～20/5000μL/L
精度	≤±5%

4. TH-990F（III）智能烟气分析仪

TH-990F（III）智能烟气分析仪相关参数见表 4-6，TH-990F（III）智能烟气分析仪如图 4-4 所示。

表 4-6　TH-990F（III）智能烟气分析仪相关参数

仪器名称	烟气分析仪
生产厂名	武汉市天虹仪表有限责任公司
规格（型号）	TH-990F（III）
测试气体类型	SO$_2$
仪器原理	定电位电解法
工作量程	0～5000mg/m³
示值误差	≤±3%

图 4-4　TH-990F（III）智能烟气分析仪

5. Testo350 烟气分析仪

Testo350 烟气分析仪相关参数见表 4 - 7，Testo350 烟气分析仪如图 3 - 10 所示。

表 4 - 7　　　　　　　　　　Testo350 烟气分析仪相关参数

仪器名称	烟气分析仪
生产厂名	德图
规格（型号）	Testo350
测试气体类型	SO_2
仪器原理	定电位电解法
工作量程	$0\sim5000\mu L/L$
精度	$\pm5\%$

6. Testo360 烟气分析仪

Testo360 烟气分析仪相关参数见表 4 - 8，Testo360 烟气分析仪如图 3 - 11 所示。

表 4 - 8　　　　　　　　　　Testo360 烟气分析仪相关参数

仪器名称	烟气分析仪
生产厂名	德图
规格（型号）	Testo360
测试气体类型	SO_2
仪器原理	定电位电解法
工作量程	$0\sim1500\mu L/L$

四、仪器应用情况

仪器应用情况见表 4 - 9。

表 4 - 9　　　　　　　　　　仪 器 应 用 情 况

仪器名称	原理	优点	缺点	适用范围
凯恩 KM950 烟气分析仪	定电位电解法	（1）轻便、小巧，可以单手持握分析仪主机。 （2）配有充电电池，测量时可以不用外部电源。 （3）标准探针可在 650℃下使用，可以耐高温	（1）开机后需要 180s 的自动调零时间，时间较长。 （2）气泵出力较低，当烟道内部负压较大时，会导致仪器氧测试结果偏高。 （3）标准配置的采样枪长为 1m，无法探到宽大型烟道的中心位置进行测试。 （4）仪器除水能力较差，无法测试高湿烟气。 （5）烟尘过滤器的滤芯为一次性产品，变色后则需要更换，当测试高尘气体时，滤芯的消耗量很大。 （6）各部件连接处容易漏气	（1）适合测量除尘器出口烟气、湿法脱硫系统的原烟气。 （2）测量 SCR 脱硝装置的进口、出口烟气和除尘器进口烟气时，由于烟气含尘量大，容易堵塞过滤器的滤芯。 （3）测量除尘器出口烟气时，由于引风机导致烟道内部负压较大，会影响测量结果。 （4）测量湿法脱硫系统出口烟气时，由于烟气湿度较大，会影响测量结果

仪器名称	原理	优点	缺点	适用范围
Testo350 烟气分析仪	定电位电解法	（1）分析仪的主机和显示器可以分离，显示器可以单手持握。 （2）配有充电电池，测量时可以不用外部电源。 （3）自动调零时间为 15s，较短。 （4）采样枪前端配有不锈钢的烟尘过滤器，可以过滤烟气中的烟尘，保护传感器和蠕动泵	（1）气泵出力较低，当烟道内部负压较大时，会导致仪器氧测试结果偏高。 （2）标准配置的采样枪长为 1m，无法探到宽大型烟道的中心位置进行测试。 （3）仪器除水能力一般，无法测试高湿烟气	（1）适合测量 SCR 脱硝装置的进口、出口烟气，除尘器后、湿法脱硫系统的原烟气。 （2）测量除尘器出口烟气时，由于引风机导致烟道内部负压较大，会影响测量结果。 （3）测量湿法脱硫系统出口烟气时，由于烟气湿度较大，会影响测量结果
Testo360 烟气分析仪	定电位电解法	（1）仪器测试管路全程加热，除水能力较好，可以测试高湿烟气。 （2）气泵的出力较大，可当烟道内部负压较大时，仍可使用	（1）主机较沉，搬运不便。 （2）仪器使用时需要配备外接电源。 （3）仪器的手推车在面对高空作业的测试环境时，并不实用。 （4）标准配置的采样枪长为 1m，无法探到宽大型烟道的中心位置进行测试。 （5）仪器使用前需要预热，当环境温度较低时，预热时间很长或无法预热。 （6）采样枪前端没有烟尘过滤装置，不适宜测量高烟尘气体。 （7）氧传感器使用寿命小于 1.5 年，时间较短	（1）适合测量除尘器后、湿法脱硫系统的原烟气，湿法脱硫系统的进口、出口烟气。 （2）测量 SCR 装置进口、出口和除尘器入口烟气时，由于烟气中烟尘含量较大，会堵塞管路，影响仪器稳定运行

五、仪器的优缺点及改进建议

定电位电解法的优缺点及改进建议见表 4-10。

表 4 - 10　　　　　　　　　　定电位电解法的优缺点及改进建议

优　　点	缺　　点	改　进　建　议
定电位电解法的烟气分析仪普遍体积小、携带方便	定电位电解法电化学传感器灵敏度随时间变化	每三月至半年需校准一次。在标定电化学传感器时，若发现其动态范围变小，测量上限达不到满度值，或在复检仪器量程中点时，示值偏差高于±5%，表明传感器已经失效，应更换电化学传感器
选择性好，灵敏度高	循环流化床锅炉和进行了低氮燃烧改造的锅炉排放的烟气中，一氧化碳含量较普通的煤粉炉高，一氧化碳会对采用定电位电解法测量二氧化硫的仪器数据产生较严重的交叉干扰	采用定电位电解法的测试仪器，测试时需要注意烟气中一氧化碳的含量，以防其对二氧化硫测试结果的影响
价格低廉，制作简单	氟化氢、硫化氢对二氧化硫测定有干扰。烟尘堵塞会影响采气流速，采气流速的变化直接影响仪器的测试读数	烟气分析仪增加除酸、除尘的预处理系统

第四节　非分散红外法

一、非分散红外法原理

依据 HJ 629—2011《固定污染源废气 二氧化硫的测定 非分散红外吸收法》，二氧化硫气体在 $6.82\sim9\mu m$ 波长红外光谱具有选择性吸收。一束恒定波长为 $7.3\mu m$ 的红外光通过二氧化硫气体时，其光通量的衰减与二氧化硫的浓度符合朗伯 - 比尔定律。

非分散红外法烟气分析仪的测试原理：采样泵抽取含有二氧化硫气体的烟气进入采样气池，红外光束通过滤光片、样气池到达检测器，在采样气池与红外光源之间有一个由同步电动机带动的切光器，将红外光束变成交替的脉冲光源，如果烟气通过采样气池时有吸收，则微流量传感器产生脉冲电信号。电信号经系统处理后显示为二氧化硫浓度读数。检测部分是由前后两个吸收室组成。吸收带中心部分在检测器前吸收室首先被吸收，而边缘部分则被后吸收室吸收。前吸收室和后吸收室之间通过一个微流量传感器相连。前后吸收室的吸收大致相同。

二、测试方法

测试方法参见第四章第一节中的"二、测试方法"。

三、试验仪器

试验仪器包括非分散红外法二氧化硫气体分析仪或带非分散红外法二氧化硫气体分析的多组分气体分析仪，采样管及样气处理器，采样管，样品传输管线，抽气泵，样品流量控制，除湿装置，颗粒物过滤器。

1. 崂应 3026 型红外烟气综合分析仪

崂应 3026 型红外烟气综合分析仪相关参数见表 4 - 11，崂应 3026 型红外烟气综合分析仪如图 4 - 5 所示。

表 4 - 11 崂应 3026 型红外烟气综合分析仪相关参数

仪器名称	红外烟气综合分析仪
生产厂名	青岛崂山应用技术研究所
规格（型号）	3026 型
测试气体类型	SO_2
仪器原理	非分散红外吸收法（NDIR）
工作量程	$0 \sim 2860 mg/m^3$
示值误差	$\leqslant \pm 5\%$
重复性	$\leqslant 2.0\%$
响应时间	$\leqslant 90s$
稳定性	1h 内示值变化 $\leqslant 5\%$

图 4 - 5 崂应 3026 型红外烟气综合分析仪

2. Model 3080 型便携式红外烟气分析仪

Model 3080 型便携式红外烟气分析仪相关参数见表 4 - 12，Model 3080 型便携式红外烟气分析仪如图 3 - 12 所示。

表 4 - 12   Model 3080 型便携式红外烟气分析仪相关参数

仪器名称	便携式红外烟气分析仪
生产厂名	北京雪迪龙科技股份有限公司
规格（型号）	Model 3080 型
测试气体类型	SO_2
仪器原理	非分散红外吸收法（NDIR）
工作量程	典型量程：$0 \sim 500/2500 mg/m^3$ 高量程：$0 \sim 500/2500 \mu L/L$ 低量程：$0 \sim 200/1000 mg/m^3$
预热时间	5min
示值误差	$< \pm 1\%$
重复性	$< \pm 1\%$
零点漂移	$< \pm 1\%/d$
量程漂移	$< \pm 1\%/d$
响应时间	$< 60s$
最小分辨率	1

3. MCA - 41 - m 移动型多组分气体分析仪

MCA - 41 - m 移动型多组分气体分析仪相关参数见表 4 - 13，MCA - 41 - m 移动型多组分气体分析仪如图 3 - 30 所示。

表4-13 **MCA-41-m移动型多组分气体分析仪相关参数**

仪器名称	移动型多组分气体分析仪
生产厂名	福德世环境监测技术股份公司
规格（型号）	MCA-41-m
测试气体类型	SO₂
仪器原理	非分散红外吸收法
工作量程	0～50/300/2500mg/m³
测量精度	小于量程的2%

4. HORIBA便携式气体分析仪

HORIBA便携式气体分析仪相关参数见表4-14，HORIBA便携式气体分析仪如图4-6所示。

表4-14　HORIBA便携式气体分析仪相关参数

仪器名称	便携式气体分析仪
生产厂名	HORIBA
规格（型号）	PG-350
测试气体类型	SO₂
仪器原理	非分散红外吸收法
工作量程	0～200/500/1000/3000μL/L
重复性	±1%

图4-6　HORIBA便携式气体分析仪

5. ecom J2KN便携式多功能红外烟气分析仪

ecom J2KN便携式多功能红外烟气分析仪相关参数见表4-15，ecom J2KN便携式多功能红外烟气分析仪如图3-13所示。

表4-15 **ecom J2KN便携式多功能红外烟气分析仪相关参数**

仪器名称	便携式多功能红外烟气分析仪
生产厂名	德国rbr测量技术公司
规格（型号）	ecom J2KN
测试气体类型	SO₂
仪器原理	非散射红外法
工作量程	0～200/1000μL/L
精度	<±2%
最小分辨率	0.1/1μL/L

四、仪器应用情况

仪器应用情况见表4-16。

表 4 - 16   **仪 器 应 用 情 况**

仪器名称	原理	优点	缺点	适用范围
Model 3080 型便携式红外烟气分析仪	非分散红外法	（1）标准配置的采样枪长为2m，可以探到一般烟道的中心位置进行测试。（2）仪器除水能力较好，可以测试高湿烟气。（3）蠕动泵可以自动排水，无需手动操作排水。（4）气泵的出力较大，在烟道内部负压较大时，仍可使用	（1）主机较沉，搬运不便。（2）仪器使用时需要配备外接电源。（3）阻水过滤器需要6个月更换一次，蠕动泵管需要1年更换一次，耗材消耗较快。（4）仪器使用前需要预热	适合测量SCR装置进口、出口和除尘器入口烟气，除尘器后、湿法脱硫系统的原烟气，湿法脱硫系统的进口、出口烟气
MCA - 41 - m 移动型多组分气体分析仪	非分散红外法	（1）测量数据稳定性较好。（2）仪器测试管路全程高温加热，除水能力较好，可以测试高湿烟气。（3）气泵的出力较大，在烟道内部负压较大时，仍可使用。（4）标准配置的采样枪长1.5m，可以探到一般烟道的中心位置进行测试	（1）主机非常沉，46kg以上，搬运不便，搬运仪器上下试验现场的楼梯时非常困难。（2）仪器使用时需要配备外接电源。（3）仪器使用前需要预热。（4）采样枪前端没有烟尘过滤装置，不适宜测量高烟尘气体	（1）适合测量除尘器后、湿法脱硫系统的原烟气，湿法脱硫系统的进口、出口烟气。（2）测量SCR装置进口、出口和除尘器入口烟气时，由于烟气中烟尘含量较大，会堵塞管路，影响仪器稳定运行

五、仪器的优缺点及改进建议

非分散红外法的优缺点及改进建议见表 4 - 17。

表 4 - 17   **非分散红外法的优缺点及改进建议**

优点	缺点	改进建议
抗干扰能力较强，CO_2、CO、H_2O、NO_2、NO 等杂质的干扰误差小于满量程的±2%	采样气体水蒸气较大时会对测试结果产生影响，如果采样气体中水分在连接管和仪器中冷凝的话会干扰测定	采样管及除湿装置在采样前加热至120℃以上，连接管线尽可能短，除湿器应能将露点降到5℃，且除湿后气体中被测二氧化硫的损失不大于5%
无需定期更换光学传感器	仪器抗负压能力不足时，会导致测试结果偏低或无法测出	应选择抗负压能力大于烟道负压的仪器，避免仪器采样流量减少
	当采样气体中含有三氧化硫等气雾时，气雾会对腐蚀仪器设备的元器件及管路	应采用滤雾器及冷凝器将气雾过滤
	大部分采用非分散红外法的仪器启动后需要预热，预热时间较长，一般在0.5~1h	

第五节　傅里叶变换红外法

一、傅里叶变换红外法原理

二氧化硫气体对红外光谱具有选择性吸收。一束恒定波长的红外光通过二氧化硫气体时，其光通量的衰减与二氧化硫的浓度符合朗伯 - 比尔定律。

傅里叶红外变换光谱仪的测试原理：先在测量气室中通入一种不吸收红外光的气体（通常使用氮气），制作一个背景光谱，再在测量器室中通入采样气体，使用连续波长的红外光源照射采样气体，测得二氧化硫的光谱，从二氧化硫的光谱中扣除背景光谱，经过数据转换和计算，得到二氧化硫的浓度。

二、测试方法

测试方法参见第四章第一节中的"二、测试方法"。

三、试验仪器

1. 便携式傅里叶变换红外气体分析仪

便携式傅里叶变换红外气体分析仪相关参数见表 4 - 18，便携式傅里叶变换红外气体分析仪如图 4 - 7 所示。

表 4 - 18　　　　便携式傅里叶变换红外气体分析仪相关参数

仪器名称	便携式傅里叶变换红外气体分析仪
生产厂名	芬兰 GASMET
规格（型号）	DX4000
测试气体类型	SO₂
仪器原理	傅里叶变换红外（FTIR）
工作量程	$0\sim1000\mu L/L$
精度	$\leqslant\pm3\%$
响应时间	$\leqslant60s$

2. 英国 Protea ProtIR 204M 傅里叶红外气体分析仪

英国 Protea ProtIR 204M 傅里叶红外气体分析仪相关参数见表 4 - 19，英国 Protea ProtIR 204M 傅里叶红外气体分析仪如图 4 - 8 所示。

表 4 - 19　　英国 **Protea ProtIR 204M** 傅里叶红外气体分析仪相关参数

仪器名称	傅里叶红外气体分析仪
生产厂名	英国 Protea
规格（型号）	ProtIR 204M
测试气体类型	SO₂
仪器原理	傅里叶变换红外（FTIR）
工作量程	$0\sim30000mg/m^3$

图4-7 便携式傅里叶变换红外气体分析仪　　图4-8 英国 Protea ProtIR 204M 傅里叶
　　　　　　　　　　　　　　　　　　　　　　　　　红外气体分析仪

四、仪器应用情况

仪器应用情况见表4-20。

表4-20　　　　　　　　　　　　仪 器 应 用 情 况

仪器名称	原理	优点	缺点	适用范围
便携式傅里叶变换红外气体分析仪	傅里叶变换红外法（FT-IR）	（1）仪器精度高、重复性好、稳定性好。 （2）气泵的出力较大，在烟道内部负压较大时，仍可使用	（1）标准配置的采样枪长为1m，无法探到一般烟道的中心位置进行测试。 （2）主机较沉，搬运不便。 （3）仪器使用时需要配备外接电源。 （4）仪器使用前需要预热。 （5）依据 DL/T 998—2006《石灰石-石膏湿法烟气脱硫装置性能验收试验规范》，取样管道应进行加热，加热温度应高于150℃。便携式傅里叶变换红外气体分析仪枪头前端的烟枪部分没有加热功能，有待进一步改进。 （6）虽然仪器采样管路全程加热，但是仪器的滤芯依然会吸收采样气体中的水分，进而吸收采样气体中的二氧化硫，导致测试结果偏低	适合测量SCR装置进口、出口和除尘器入口烟气，除尘器后、湿法脱硫系统的原烟气，湿法脱硫系统的进口、出口烟气

五、仪器的优缺点及改进建议

傅里叶变换红外法的优缺点及改进建议见表4-21。

表 4 - 21　　　　　　　傅里叶变换红外法的优缺点及改进建议

优　　点	缺　　点	改 进 建 议
抗干扰能力较强，CO_2、CO、H_2O、NO_2、NO 等杂质的干扰误差小于满量程的±2%	采样气体水蒸气较大时会对测试结果产生影响，如果采样气体中水分在连接管和仪器中冷凝的话会干扰测定	采样管及除湿装置在采样前加热至 120℃以上，连接管线尽可能短，除湿器应能将露点降到 5℃，且除湿后气体中被测二氧化硫的损失不大于 5%
精度高，线性度好	仪器抗负压能力不足时，会导致测试结果偏低或无法测出	应选择抗负压能力大于烟道负压的仪器，避免仪器采样流量减少
输出是电流量，可以与计算机系统接口相连。测试数据可以直接输出，数据的整理和编辑非常方便	当采样气体中含有三氧化硫等气雾时，气雾会腐蚀仪器设备的元器件及管路	应采用滤雾器及冷凝器将气雾过滤

第六节　紫外吸收法

一、紫外吸收法原理

依据 DB37T 2705—2015《固定污染源废气 二氧化硫的测定 紫外吸收法》，该方法的原理为利用二氧化硫吸收紫外光区内特征波长的光，由朗伯—比尔定律定量废气中二氧化硫的浓度。

紫外吸收法烟气分析仪的测试原理：采样泵抽取含有二氧化硫气体的烟气，进行除尘、脱水处理后通入测量气室中，不同浓度、不同种类的气体，对光源有不同程度的吸收。把通入烟气后得到的吸收光谱进行高通滤波，去除散射导致的慢变化后再与参考光谱作最小二乘法拟合，得到二氧化硫气体浓度。

二、测试方法

测试方法参见第四章第一节中的"二、测试方法"。

三、试验仪器

试验仪器包括主机，含流量控制装置、抽气泵、检测器（带恒温装置）；采样管（含滤尘装置和加热装置）；导气管；除湿冷却装置等。

1. 崂应 3023 型紫外差分烟气综合分析仪

崂应 3023 型紫外差分烟气综合分析仪相关参数见表 4 - 22，崂应 3023 型紫外差分烟气综合分析仪如图 4 - 9 所示。

表 4 - 22　　　　　崂应 3023 型紫外差分烟气综合分析仪相关参数

仪 器 名 称	紫外差分烟气综合分析仪
生产厂名	青岛崂山应用技术研究所
规格（型号）	3023 型
测试气体类型	SO_2

续表

仪 器 名 称	紫外差分烟气综合分析仪
仪器原理	紫外差分吸收光谱法
工作量程	低量程：（0～860）mg/m³ 高量程：（0～4300）mg/m³
示值误差	≤5%
重复性	≤2.0%
响应时间	≤90s
稳定性	1h内示值变化≤5%

2. TH-890D 紫外烟气分析仪

TH-890D 紫外烟气分析仪相关参数见表 4-23，TH-890D 紫外烟气分析仪如图 4-10 所示。

表 4-23　　　　　　　　TH-890D 紫外烟气分析仪相关参数

仪 器 名 称	烟 气 分 析 仪
生产厂名	武汉市天虹仪表有限责任公司
规格（型号）	TH-890D
测试气体类型	SO₂
仪器原理	紫外差分吸收光谱法
工作量程	0～500μL/L
示值误差	优于±5%
重复性	≤2.0%
响应时间	≤90s
稳定性	≤3%

图 4-9　崂应 3023 型紫外差分烟气综合分析仪

图 4-10　TH-890D 紫外烟气分析仪

四、仪器应用情况

仪器应用情况见表 4 - 24。

表 4 - 24　　　　　　　　　　　仪 器 应 用 情 况

仪器名称	原理	优点	缺点	适用范围
崂应 3023 型紫外差分烟气综合分析仪	紫外差分吸收光谱法	(1) 脉冲氙灯冷光源，预热时间短，使用寿命长。 (2) 温度适用范围较广 (－20～45℃)	(1) 标准配置的采样枪长为 1m，无法探到一般烟道的中心位置进行测试。 (2) 测量不同的烟气参数时需要使用不同的采样枪，配件较多。 (3) 采样气体中烟尘含量较高时，仪器的滤芯消耗较快	适合测量除尘器后、湿法脱硫系统的原烟气，湿法脱硫系统的进口、出口烟气

五、仪器的优缺点及改进建议

紫外吸收法的优缺点及改进建议见表 4 - 25 所示。

表 4 - 25　　　　　　　紫外吸收法的优缺点及改进建议

优点	缺点	改进建议
检出下限低，抗干扰能力较强	采样气体中水蒸气较大时会对测试结果产生影响，如果采样气体中水分在连接管和仪器中冷凝的话会干扰测定	采样管及除湿装置在采样前加热至 120℃以上，连接管线尽可能短，除湿器应能将露点降到 5℃，且除湿后气体中被测二氧化硫的损失不大于 5％
无需定期更换光学传感器	采样气体中的烟尘会对测试结果产生影响	采用前置过滤器过滤采样气体中的烟尘
预热时间短		

第七节　紫 外 荧 光 法

一、紫外荧光法原理

紫外荧光法是基于二氧化硫接受紫外线能量后在衰变中产生荧光的原理，通过紫外灯发出的紫外光，激发二氧化硫分子使其处于激发态，二氧化硫分子从激发态衰减返回基态时产生荧光。由于荧光的强度和二氧化硫的浓度呈正比，可以通过测量荧光的强度测得二氧化硫的浓度。

$$SO_2 + h\upsilon_1（紫外光）\longrightarrow SO_2^*$$
$$SO_2^* \longrightarrow SO_2 + h\upsilon_2（荧光）$$

紫外荧光法烟气分析仪的测试原理：采样气体经除尘过滤器后，通过采样阀进入渗透膜除水器、除烃净化器，到达荧光反应室。荧光计脉冲紫外光源发射脉冲紫外光，经激发光滤光片（光谱中心220nm）后获得所需波长紫外光，并射入反应室。二氧化硫分子在此被激发产生荧光，经设在入射光垂直方向上的发射光滤光片（光谱中心330nm），投射到光电倍增管上，将光信号转换成电信号。经电子放大系统等处理后直接显示浓度读数。反应后的干燥气体经流量计测定流量后由抽气泵抽引排出。

二、测试方法

测试方法参见第四章第一节中的"二、测试方法"。

三、试验仪器

1. T100 紫外荧光法二氧化硫分析仪

T100 紫外荧光法二氧化硫分析仪相关参数见表4-26，T100 紫外荧光法二氧化硫分析仪如图4-11所示。

表4-26   T100 紫外荧光法二氧化硫分析仪相关参数

仪器名称	T100 紫外荧光法二氧化硫分析仪
生产厂名	美国自动精密工程公司
规格（型号）	T100
测试气体类型	SO_2
仪器原理	紫外荧光法
工作量程	0～50nL/L，0～20000nL/L
最低检出限	0.4nL/L
线形度	1%
响应时间	20s

2. JC11-TH-2002 紫外荧光法二氧化硫分析仪

JC11-TH-2002 紫外荧光法二氧化硫分析仪相关参数见表4-27，JC11-TH-2002 紫外荧光法二氧化硫分析仪如图4-12所示。

表4-27   紫外荧光法二氧化硫分析仪相关参数

仪器名称	紫外荧光法二氧化硫分析仪
生产厂名	北京北信科仪分析仪器有限公司
规格（型号）	JC11-TH-2002
测试气体类型	SO_2
仪器原理	紫外荧光法
工作量程	0～0.5μL/L
最低检出限	1nL/L
重复性	1%

图 4-11 T100 紫外荧光法二氧化硫分析仪　图 4-12 JCH-TH-2002 紫外荧光法二氧化硫分析仪

四、仪器的优缺点及改进建议

紫外荧光法的优缺点及改进建议见表 4-28 所示。

表 4-28　　　　　　　　　　　紫外荧光法的优缺点及改进建议

优点	缺点	改进建议
响应快、选择性强、灵敏度高、稳定性好	采样气体水蒸气较大时会对测试结果产生影响，如果采样气体中水分在连接管和仪器中冷凝的话会干扰测定	采样管及除湿装置在采样前加热至 120℃ 以上，连接管线尽可能短，除湿器应能将露点降到 5℃，且除湿后气体中被测二氧化硫的损失不大于 5%
不消耗化学试剂，无需定期更换光学传感器	芳香烃化合物在 190～230nrn 紫外光激发下也能发射荧光，造成测量值偏大	可预先用装有特殊吸附剂的过滤器去除芳香烃化合物
	主要测量低浓度二氧化硫	

第八节　离线测试和在线测试数据的比对实例

一、某电厂 350MW 机组脱硫系统出口烟气二氧化硫比对

某电厂 350MW 机组在 2016 年底进行在线表计比对测试，机组满负荷运行时，该厂烟气参数见表 4-29。

表 4-29　　　　　　　　　　　某电厂 350MW 机组烟气参数

FGD 设计工况（SO₂含量干态 2020mg/m³）下的数据		
烟气量（湿态）	m³/h	1379109
烟气量（干态）	m³/h	1265372
最大烟温（正常运行）	℃	123
FGD 入口处污染物浓度（标态，干态）		
SO₂	mg/m³，干态	2125.1
SO₃	mg/m³，干态	59.5
最大烟尘	mg/m³，干态	50

续表

FGD 后污染物浓度（标准状况，干态下）（净烟气）		
SO$_x$ 和 SO$_2$	mg/m^3，干态	106
SO$_3$	mg/m^3，干态	41.5
烟尘	mg/m^3，干态	25

某电厂在线仪器和比对测试单位使用仪器见表 4-30。

表 4-30   仪 器 相 关 参 数

项目	某电厂的在线仪器	比对测试单位的仪器
仪器厂家	北京雪迪龙科技股份有限公司	福德世环境监测技术股份公司
仪器型号	SCS-900 烟气连续监测系统	MCA-41-m
二氧化硫测量的原理	非分散红外吸收法	非分散红外吸收法
量程	0～500/2500μL/L	0～50/300/2500mg/m^3

某电厂 350MW 机组脱硫系统出口烟气二氧化硫测试数据及结果见表 4-31。

表 4-31   比 对 测 试 结 果

测试位置	出口测点一			出口测点二		
组分	二氧化硫实测 （%）	二氧化硫在线 （%）	绝对误差 （%）	二氧化硫实测 （%）	二氧化硫在线 （%）	绝对误差 （%）
组分测试数据	3	12	9	4	10	6
	4	10	6	4	9	5
	4	9	5	4	10	6
	4	9	5	4	10	6
	4	9	5	4	10	6
	4	9	5	4	16	12
	4	9	5	4	11	7
	4	9	5	4	10	6
平均值	3.72	9.50	5.78	4.12	10.75	6.63

二、某电厂 330MW 机组脱硫系统出口烟气二氧化硫比对

某电厂 330MW 机组在 2016 年底进行在线表计比对测试，机组满负荷运行时，该厂烟气参数见表 4-32。

表 4-32   某电厂 330MW 机组烟气参数

FGD 设计工况		
烟气量（湿态）	m^3/h	1244810
烟气量（干态）	m^3/h	1133920
最大烟温（正常运行）	℃	180

FGD入口处污染物浓度（标态，干态）		
SO₂	mg/m³，干态	2268
最大烟尘	mg/m³，干态	200
FGD后污染物浓度（标准状况，干态下）（净烟气）		
SO$_x$ 和 SO₂	mg/m³，干态	35
烟尘	mg/m³，干态	10

某电厂在线仪器和比对测试单位使用仪器见表4-33。

表4-33　　　　　　　仪 器 相 关 参 数

项目	某电厂的在线仪器	比对测试单位的仪器
仪器厂家	北京雪迪龙科技股份有限公司	芬兰 GASMET
仪器型号	SCS-900 烟气连续监测系统	DX4000
二氧化硫测量的原理	非分散红外吸收法	傅里叶变换红外（FTIR）
量程	0～500/2500μL/L	0～1000μL/L

某电厂330MW机组脱硫系统出口烟气二氧化硫测试数据及结果见表4-34。

表4-34　　　　　　　比 对 测 试 结 果

测试位置	出口测点		
组分	二氧化硫实测（%）	二氧化硫在线（%）	绝对误差（%）
组分测试数据	21	20	−1
	25	19	−6
	28	21	−7
	30	24	−6
	33	26	−7
	31	28	−3
	29	27	−2
	30	29	−1
平均值	28.38	24.25	−4.13

三、某电厂200MW机组脱硫系统出口烟气二氧化硫比对

某电厂200MW机组在2014年底进行在线表计比对测试，机组满负荷运行时，该厂烟气参数见表4-35。

表 4 - 35   **某电厂 200MW 机组烟气参数**

FGD 设计工况		
烟气量（湿态）	m^3/h	874800
烟气量（干态）	m^3/h	806400
最大烟温（正常运行）	℃	121
FGD 入口处污染物浓度（标态，干态）		
SO_2	mg/m^3，干态	1411
SO_3	mg/m^3，干态	30
最大烟尘	mg/m^3，干态	100
FGD 后污染物浓度（标准状况，干态下）（净烟气）		
SO_x 和 SO_2	mg/m^3，干态	71
SO_3	mg/m^3，干态	18
烟尘	mg/m^3，干态	50

某电厂在线仪器和比对测试单位使用仪器见表 4 - 36。

表 4 - 36   **仪 器 相 关 参 数**

项目	某电厂的在线仪器	比对测试单位的仪器
仪器厂家	北京雪迪龙科技股份有限公司	德图
仪器型号	SCS - 900C 烟气连续监测系统	Testo350
二氧化硫测量的原理	非分散红外吸收法	定电位电解法
量程	$0\sim500/2500\mu L/L$	$0\sim5000\mu L/L$

某电厂 200MW 机组脱硫系统出口烟气二氧化硫测试数据及结果见表 4 - 37。

表 4 - 37   **比 对 测 试 结 果**

测试位置	出口测点		
组分	二氧化硫实测（%）	二氧化硫在线（%）	绝对误差（%）
组分测试数据	122	143	21
	117	140	23
	115	128	13
	113	120	7
	104	110	6
	101	105	4
	101	98	−3
	101	89	−12
	88	83	−5
	85	82	−3
平均值	104.7	109.8	5.1

第五章

NO_x 测 试 技 术

    燃煤燃烧过程中排放的 NO_x 气体是危害大，且较难处理的大气污染物，它不仅刺激人的呼吸系统，损害动植物，破坏臭氧层，而且也是引起温室效应、酸雨和光化学反应的主要物质之一。我国是燃煤大国，开展对降低 NO_x 排放的治理具有十分重要的意义。

    国际上控制 NO_x 排放的措施可大致分为政策手段和经济手段两类。所谓政策手段，是指通过制定法律和空气质量标准等方法，要求采用"最佳可用技术"对污染源进行治理，以降低 NO_x 排放量；而经济手段则是通过排污收费、征收污染税或能源税、发放排污许可证和排污权交易等多种途径，刺激和鼓励削减 NO_x 排放量。针对中国 NO_x 排放现状、发展趋势及其分布特征，参照美、日、欧等发达国家经验，结合我国经济、技术发展水平，提出中国 NO_x 排放的综合控制对策建议。

第一节　标准中关于 NO_x 测试技术的要求

一、国外对 NO_x 排放标准要求

    美、日、欧等西方发达国家控制 NO_x 排放的经验表明，制定并实施日趋严格的 NO_x 排放标准是控制各类燃烧设备 NO_x 排放量的根本手段。

    例如，美国通过制定并实施 1990 年 CAAA 中第 I 条（臭氧达标）和第 IV 条（酸沉降控制）中的 NO_x 排放限值标准，已使全美的 NO_x 排放由 1990 年的 2316 万 t 降至 2000 年的 2105 万 t。

    日本新建大型燃气、燃油和燃煤电站的 NO_x 排放限值为 60、$130\mu L/L$ 和 $200\mu L/L$。

    欧洲新建大型燃气、燃油和燃煤电站的 NO_x 排放限值为 $30\sim50\mu L/L$、$55\sim75\mu L/L$ 和 $50\sim100\mu L/L$。

二、国内对 NO_x 排放标准要求

    国外对氮氧化物进行严格控制已经有近 20 年的历史。我国长期以来对火电厂产生的大气污染物的控制主要集中在烟尘和二氧化硫上，对氮氧化物排放的治理尚处于起步阶段，我国现阶段与氮氧化物控制有关的法规政策及标准介绍如下。

    随着环境问题的日益凸显，GB 13223—2003 已明显滞后于社会发展，不能完全满

足环境保护需求，2012 年国家环保部会同相关部门对 GB 13223—2003 再次进行修订，颁布了 GB 13223—2011《火电厂大气污染物排放标准》，并明确要求 2014 年 7 月 1 日起全国火电厂必须强制性执行。GB 13223—2011《火电厂大气污染物排放标准》NO_x 标准见表 5-1 和表 5-2。

表 5-1　　　GB 13223—2011《火电厂大气污染物排放标准》NO_x 标准　　　mg/m^3

序号	燃料和热能转化设施类型	污染物项目	适用条件		限值	污染物排放监测位置
1	燃煤锅炉	烟尘	全部		30	烟囱或烟道
		二氧化硫	新建锅炉		100	
					200①	
			现有锅炉		200	
					400②	
		氮氧化物（以 NO_2 计）	全部		100	
					200②	
		汞及其化合物	全部		0.03	
2	以油为燃料的锅炉或燃气轮机组	烟尘	全部		30	
		二氧化硫	新建锅炉及燃气轮机组		100	
			现有锅炉及燃气轮机组		200	
		氮氧化物（以 NO_2 计）	新建燃油锅炉		100	
			现有燃油锅炉		200	
			燃气轮机组		120	
3	以气体为燃料的锅炉或燃气轮机组	烟尘	天然气锅炉及燃气轮机组		5	
			其他气体燃料锅炉及燃气轮机组		10	
		二氧化硫	天然气锅炉及燃气轮机组		35	
			其他气体燃料锅炉及燃气轮机组		100	
		氮氧化物（以 NO_2 计）	天然气锅炉		100	
			其他气体燃料锅炉		200	
			天然气燃气轮机组		50	
			其他气体燃气轮机组		120	
4	燃煤锅炉，以油、气体为燃料的锅炉或燃气轮机组	烟气黑度（格林曼黑度，级）	全部		1	烟囱排放口

① 位于广西壮族自治区，重庆市，四川省和贵州省的火力发电锅炉执行该限值。

② 采用 W 型火焰炉膛的火力发电锅炉，现有循环流化床火力发电锅炉，以及 2003 年 12 月 31 日前建成投产或通过建设项目环境影响报告审批的火力发电锅炉执行该限值。

重点地区的火力发电锅炉及燃气轮机组执行 GB 13223—2011 中规定的大气污染物特别排放限值见表 5-2。执行大气污染物特别排放限值的具体地域范围、实施时间，由国务院环境保护行政主管部门规定。

表 5 - 2　　　　GB 13223—2011《火电厂大气污染物排放标准》
　　　　　　　　　规定的大气污染物特别排放限值　　　　　　　　mg/m³

序号	燃料和热能转化设施类型	污染物项目	适用条件	限值	污染物排放监测位置
1	燃煤锅炉	烟尘	全部	20	烟囱或烟道
		二氧化硫	全部	50	
		氮氧化物（以 NO_2 计）	全部	100	
		汞及其化合物	全部	0.03	
2	以油为燃料的锅炉或燃气轮机组	烟尘	全部	20	
		二氧化硫	全部	50	
		氮氧化物（以 NO_2 计）	燃油锅炉	100	
			燃气轮机组	120	
3	以气体为燃料的锅炉或燃气轮机组	烟尘	全部	5	
		二氧化硫	全部	35	
		氮氧化物（以 NO_2 计）	燃气锅炉	100	
			燃气轮机组	50	
4	燃煤锅炉，以油、气体为燃料的锅炉或燃气轮机组	烟气黑度（格林曼黑度，级）	全部	1	烟囱排放口

我国空气中氮氧化物的分布并不均衡。从区域分布来说，超过 80% 的氮氧化物排放量来自人口密集、工业集中和经济发展较快的中东部地区。我国氮氧化物及其相关污染问题呈现区域特征，尤其是北京、珠三角、长三角等城市群光化学烟雾、颗粒物和酸沉降等污染问题十分突出。因此，为了有效地改善这些大城市地区的空气质量，建议在这些地区率先制定和实施区域氮氧化物控制的联动规划，着重加强这些地区的污染区域控制。综合考虑我国的技术经济发展水平和电力企业的承受能力，继续应用低 NO_x 燃烧技术。即在新建机组上采用低 NO_x 燃烧技术，并对老机组进行低 NO_x 燃烧技术改造。继续研究和优化脱硝效率更高、经济性更好的低 NO_x 燃烧技术，为大型火力发电机组提供新一代燃烧技术，也为 SCR 和 SNCR 技术的应用提供配套技术。以位于敏感区域、燃烧无烟煤的电站机组的烟气脱硝为目标，进行 SCR 和 SNCR 技术的工业示范。通过示范工程，引进、消化国外技术，可以培育出掌握先进烟气脱硝技术、具有市场竞争能力的工程公司。在完成 SNCR 和 SCR 示范工程后，可以取得烟气脱硝的技术指标、参数选取、机组匹配和技术选择方法等科学依据，从而建立我国的烟气脱硝工程标准体系。

三、NO_x 的采样及计算

1. 采样位置（SCR 反应器入口、出口烟道）

NO_x 的采样位置、采样点、采样时间和采样孔要严格执行 GB/T 16157《固定污染源排气中颗粒物测定与气态污染物采样方法》标准中方法的要求，具体内容介绍如下。

（1）采样位置和采样点。

采样位置：采样位置应优先选择在垂直管段，应避开烟道弯头和断面急剧变化的部位。采样位置应设置在距弯头、阀门、变径管下游方向不小于 6 倍直径和距上述部件上游方向不小于 3 倍直径处。对矩形烟道，其当量直径 $D=2AB/(A+B)$，式中 A、B 为边长。对于气态污染物，由于混合比较均匀，其采样位置可不受上述规定限制，但应避开涡流区。如果同时测定排气流量，采样位置仍按上述规定选取。采样位置应避开对测试人员操作有危险的场所。

采样点：由于气态污染物在采样断面内一般是混合均匀的，可取靠近烟道中心的一点作为采样点。

（2）采样时间和频次（大气污染物综合排放标准）。

标准规定的三项指标，均指任何 1h 平均值不得超过的限值，故在采样时应做到：

1）排气筒中废气的采样以连续 1h 的采样获取平均值；或在 1h 内，等时间间隔采集 4 个样品，并计平均值。

2）特殊情况下的采样时间和频次。若某排气筒的排放为间断性排放，排放时间小于 1h，应在排放时段内实行连续采样，或在排放时段内以等时间间隔采集 2～4 个样品，并计平均值；若排气筒的排放为间断性排放，排放时间大于 1h，则应在排放时段内按（1）的要求采样；当进行污染事故排放监测时，应按需要设置采样时间和采样频次，不受上述要求的限制。

（3）采样孔。

1）在选定的测定位置上设采样孔，采样孔的内径应小于 80mm，采样孔管长应不大于 50mm。不使用时应用盖板、管堵或管帽封闭。

2）对正压下输送高温或有毒气体的烟道，应采用带有闸板阀的密封采样孔。

3）对圆形烟道，采样孔应设在包括各测点在内的相互垂直的直径线上。对矩形或方形烟道，采样孔应设在包括各测点在内的延长线上。

2. 采样方法

氮氧化物 NO_x 的采样方法执行 GB/T 16157《固定污染源排气中颗粒物测定与气态污染物采样方法》和 HJ/T 47《烟气采样器技术条件》的规定。

3. 采样参数（烟气中一氧化氮浓度、二氧化氮浓度和氧量）

烟气中氮氧化物和氧量的测定方法见表 5-3。

表 5-3   烟气中氮氧化物和氧量的测定方法

序号	分析项目	测定方法	标准编号
1	NO_x	紫外分光光度法	HJ/T 42
		盐酸萘乙二胺分光光度法	HJ/T 43
2	O_2	顺磁法	DL/T 986

烟气中 NO_x 浓度（标准状态，干基）按式（5-1）计算：

$$C'_{NO_x} = C'_{NO} \times 1.53 + C'_{NO_2} \tag{5-1}$$

式中　C'_{NO_x}——烟气中 NO$_x$ 浓度（标准状态，干基），mg/m^3；

$\quad\quad C'_{\mathrm{NO}}$——烟气中 NO 浓度（标准状态，干基），mg/m^3；

$\quad\quad$ 1.53——NO$_2$ 与 NO 摩尔质量之比；

$\quad\quad C'_{\mathrm{NO}_2}$——烟气中 NO$_2$ 浓度（标准状态，干基），mg/m^3。

烟气中 NO$_x$ 浓度（标准状态，干基，过量空气系数 1.4）按式（5-2）计算，实测过量空气系数按式（5-3）计算：

$$C_{\mathrm{NO}_x} = C'_{\mathrm{NO}_x} \times \alpha'/1.4 \qquad\qquad (5-2)$$

$$\alpha' = \frac{21}{21 - C_{\mathrm{O}_2}} \qquad\qquad (5-3)$$

式中　C_{NO_x}——烟气中 NO$_x$ 浓度（标准状态，干基，过量空气系数 1.4），mg/m^3；

$\quad\quad \alpha'$——实测过量空气系数；

$\quad\quad C_{\mathrm{O}_2}$——烟气中 O$_2$ 的体积百分数，%；

$\quad\quad$ 1.4——规定的过量空气系数。

第二节　电　化　学　法

目前，国内外测定固定污染源排气中氮氧化物的分析方法主要有盐酸萘乙二胺分光光度法、紫外分光光度法、定电位电解法、非分散红外吸收法、化学发光法、紫外吸收法等。上述方法按分析方式可分为化学分析法和仪器分析法。化学分析法采用试剂吸收后，带回实验室进行化学分析，如盐酸萘乙二胺分光光度法、紫外分光光度法；仪器分析法是由烟气分析仪直接在固定污染源现场进行分析测定，并显示测定值，如定电位电解法、非分散红外吸收法、化学发光法、紫外吸收法。

化学法准确可靠，但操作要求高，较复杂，极易产生人为误差，分析时间长，不能现场出数，效率低。而仪器法最大优势为能够现场显示测定值，效率高。仪器法中的定电位电解法装置较便携，开机稳定时间短，在我国环境监测部门应用最多；非分散红外吸收法、化学发光法、紫外吸收法除能实现便携外，还广泛应用于固定污染源烟气排放连续监测系统（简称烟气 CEMS），实现长期连续运行，方法精度高，但一般比定电位电解法的仪器重量大，开机稳定时间长。

由于定电位电解法测定固定污染源排气中的氮氧化物主要是通过测定仪来实现，因而，美国、欧洲和日本的标准主要侧重测定仪的技术要求，而且发展趋势也是侧重基于方法原理的仪器相关技术指标研发。

目前市场上国外的定电位电解法仪器厂商主要来自欧洲，日本、美国的产品较少。在我国市场占有率较高的国际品牌，如：德图、凯恩、德尔格等均执行欧洲标准。

此方法的主要原理是将待测烟气经过预处理后，进入定电位电解法传感器进行分析。主要质量保证措施是使用已知浓度标准气体进行校准。

由于我国市场上的测定仪，无论是国外产品还是国内产品，原理基本均参照国外标准，因而，国外标准中的方法原理将成为电化学方法直接采样的重要依据，其他技术指标和要求将结合我国实际情况制定。

HJ/T 43—1999《固定污染源排气中氮氧化物的测定 盐酸萘乙二胺分光光度法》方法和 HJ/T 42—1999《固定污染源排气中氮氧化物的测定 紫外分光光度法》方法均是采用化学吸收采样——实验室分析。电化学方法直接测试则是在测试现场由烟气分析仪直接测量，并显示测量结果。

在我国，20 世纪 90 年代后期，全国各环境监测部门便已开始大量使用定电位电解法仪器测试烟气中二氧化硫、氮氧化物、氧等项目。初期主要使用进口设备，随着设备的国产化及方法被录入《空气和废气监测技术方法》（第三版）中后，越来越多的环境监测部门开始选择使用此方法。

氮氧化物包括一氧化氮与二氧化氮。初期，由于我国市场上仅有一氧化氮标准气体，没有二氧化氮标准气体，导致此方法的仪器仅能用于测试一氧化氮，对于二氧化氮缺少质量保证。

进入 21 世纪，随着二氧化氮标准气体的研制成功，此方法已能完全满足氮氧化物测试要求。此方法与化学分析法相比，优点是快速、操作简便、效率高；缺点是精确度不如化学分析法高。此方法用于我国固定污染源现状监测是完全满足的。

电化学原理的测试仪器最突出的特点是能够与二氧化硫、氧等项目同步测定，简便、快捷、高效。随着 HJ/T 57—2000《固定污染源排气中二氧化硫的测定——定电位电解法》和 HJ/T 46—1999《定电位电解法二氧化硫测定仪技术条件》两个标准的发布，以及被《空气和废气监测技术方法》（第四版）、（第四版增补版）列为 B 类方法，目前在全国各级环境监测站的固定污染源排气监测工作中，定电位电解法基本取代了化学分析法，成为使用率最高的方法。

我国目前已涌现出一大批定电位电解法仪器生产厂商，各厂商使用的定电位电解法传感器大多选自国外品牌，国内企业标准较欧洲普遍较低，特别是在采样探头、管路方面与欧洲标准要求差距较大。但近年来，国内产品性能正在不断提高，特别在消除干扰、预处理技术研究方面，不断涌现新成果。

主要参考标准见表 5-4。

表 5-4 参 考 标 准

序号	标准/文件编号	标准/文件名称
1	GB/T 16157	《固定污染源排气中颗粒物测定与气态污染物采样方法》
2	HJ/T 42	《固定污染源排气中氮氧化物的测定 紫外分光光度法》
3	HJ/T 43	《固定污染源排气中氮氧化物的测定 盐酸萘乙二胺分光光度法》
4	HJ/T 46	《定电位电解法二氧化硫测定仪技术条件》
5	HJ/T 47	《烟气采样器技术条件》
6	HJ/T 373	《固定污染源监测质量保证与质量控制技术规范》

续表

序号	标准/文件编号	标准/文件名称
7	HJ/T 397	《固定源废气监测技术规范》
8	欧洲标准 prEN 50379	《测量采暖设备烟气的便携式电子仪器参数设计规范》
9	日本标准 JIS B 7982—2002	《烟气中氮氧化物自动测量系统和测量仪器技术规范》
10	美国 GRI CTM-030	《测定氮氧化物、一氧化碳和氧的便携烟气分析仪技术规范》
11	美国 ICAC CTM-34	《测定固定源排放氮氧化物、一氧化碳和氧的便携式定电位电解法》

目前，我国应用较广泛的测定仪生产厂家有德国德图、英国凯恩、武汉天虹、青岛崂山仪器总厂、青岛崂山应用研究所、广东臻康等公司。经抗干扰性实验、干扰消除实验和方法验证预实验，选定了用于方法验证实验的测定仪为德国德图 TESTO350、英国凯恩 KM9106、中国广东臻康 AS2099。

采用电化学方法检出限为一氧化氮 $3mg/m^3$（以 NO_2 计），二氧化氮 $3mg/m^3$（以 NO_2 计）；测定下限为一氧化氮 $12mg/m^3$（以 NO_2 计），二氧化氮 $12mg/m^3$（以 NO_2 计）。

一、方法原理

国内外主要仪器生产厂家的测定仪，其核心原理均为定电位电解传感器测定。

定电位电解传感器主要由电解槽、电解液和电极组成，传感器的三个电极分别称为敏感电极（sensing electrode）、参比电极（reference electrode）和对电极（counter electrode），简称 S、R、C。定电位电解传感器结构如图 5-1 所示。

被测气体由进气孔通过渗透膜扩散到敏感电极表面。在敏感电极、电解液、对电极之间进行反应，参比电极在传感器中不暴露在被分析气体之中，用来为电解液中的工作电极提供恒定的定电位电解法电位。被测气体通过渗透膜进入电解槽，传感器电解液中扩散吸收的一氧化氮或二氧化氮发生化学反应，与此同时产生的极限扩散电流 i，在一定范围内其大小与一氧化氮或二氧化氮的浓度成正比。

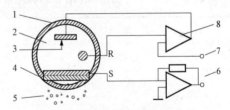

图 5-1　定电位电解传感器结构图

1—电解槽；2—电解液；3—电极；4—过滤层；
5—被测气体；6—信号输出；7—基准电位；8—放大器

二、测试方法

按照 GB/T 16157—1996《固定污染源排气中颗粒物测定与气态污染物采样方法》要求，设置采样位置和采样点，将采样探头插入采样点位置，以仪器规定的采样流量自动采样。通入仪器的气体应是经过预处理的气体，以保障仪器的测量精度和使用寿命。抽取烟气进行测定，待仪器读数稳定后即可读数。采样管及除湿装置在采样前应加热至 120℃ 以上，防止样品中的水分在采样管路中遇冷冷凝。样品气体在进入分析仪前应进行过滤，以除去样品气中的颗粒物。

仪器采样步骤见表 5-5。

表 5 - 5   仪器采样步骤说明

步序	仪 器 操 作	注 意 事 项
1	按仪器使用说明书，正确连接测定仪的主机、采样管（含滤尘装置和加热装置）、导气管、除湿冷却装置，以及其他装置	要求先正确连接后，再通电源开机。不能先开主机，再连接管路
2	将加热装置、除湿及冷却装置等接通电源，达到测定仪使用说明书中规定的条件	开机前，要先将加热装置、除湿及冷却装置等接通电源，使这些预处理装置提前达到正常工作状态。由于主机开机时，抽气泵同时工作，若预处理装置未能提前达到工作状态，热湿的样气可能会直接进入主机，影响测定和主机寿命
3	打开测定仪电源，以较洁净的环境空气或高纯氮气为零气校正气，进行仪器零点校正	该过程一般由仪器按程序自动进行。当使用环境空气为零气校正气时，尽量保证仪器所处环境的清洁，不能受被测气体影响
4	插入采样点位置，开始采样	
5	记录数据	

三、试验仪器

1. 崂应 3012H 型自动烟尘/气测试仪（09 代）

崂应 3012H 型自动烟尘/气测试仪（09 代）相关参数见表 5 - 6，崂应 3012H 型自动烟尘/气测试仪（09 代）的图如图 3 - 8 所示。

表 5 - 6   崂应 3012H 型自动烟尘/气测试仪（09 代）相关参数

仪 器 名 称	自动烟尘/气测试仪
生产厂名	青岛崂山应用技术研究所
规格（型号）	3012H 型（09 代）
测试气体类型	NO、NO_2
仪器原理	电化学法
工作量程（mg/m^3）	NO：$0\sim1300/6700$；NO_2：$0\sim200/2000$
示值误差	$<\pm5\%$
重复性	$\leqslant2\%$
响应时间	$\leqslant90s$
稳定性	1h 内示值变化 $\leqslant5\%$

2. 凯恩 KM950 烟气分析仪

凯恩 KM950 烟气分析仪相关参数见表 5 - 7，凯恩 KM950 烟气分析仪的图如图 3 - 9 所示。

表5-7　　　　　　　　　　　　凯恩 KM950 烟气分析仪相关参数

仪 器 名 称	烟 气 分 析 仪
生产厂名	英国凯恩
规格（型号）	KM950
测试气体类型	NO、NO$_2$
仪器原理	电化学法
工作量程	NO：0～5000μL/L；NO$_2$：0～1000μL/L
精度	±5%

3. Testo350 烟气分析仪

Testo350 烟气分析仪相关参数见表 5-8，Testo350 烟气分析仪的图如图 3-10 所示。

表5-8　　　　　　　　　　　　Testo350 烟气分析仪相关参数

仪 器 名 称	烟 气 分 析 仪
生产厂名	德图
规格（型号）	Testo350
测试气体类型	NO、NO$_2$
仪器原理	电化学法
工作量程	NO：0～+4000μL/L；NO$_2$：0～+500μL/L
精度	±5%

4. Testo360 烟气分析仪

Testo360 烟气分析仪相关参数见表 5-9，Testo360 烟气分析仪的图如图 3-11 所示。

表5-9　　　　　　　　　　　　Testo360 烟气分析仪相关参数

仪 器 名 称	烟 气 分 析 仪
生产厂名	德图
规格（型号）	Testo360
测试气体类型	NO、NO$_2$
仪器原理	电化学法
工作量程	NO：0～+3000μL/L；NO$_2$：0～+500μL/L

第三节　红外光谱法

非分散红外吸收法是利用非分散红外吸收法气体分析仪，在现场直接测试并显示测试结果的方法。与实验室化学分析法相比，具有快速、简便、高效的特点。

该方法测试二氧化硫、氮氧化物等项目已被美国、欧洲、日本等国家认可，并广泛使用在我国。非分散红外吸收法测试氮氧化物的方法标准一直未颁布，但收录于《空气和废气监测技术方法》（第三版）、（第四版）和（第四版增补版）中 B 类方法。该方法仪器成熟，被广泛应用在我国固定污染源排气的连续自动监测中，且由于非分散红外吸收法便携式仪器的逐步推广，各级监测站在固定污染源排气的监督性监测中也逐步得到了广泛应用。

为实现非分散红外吸收法测定固定污染源排气中氮氧化物监测数据的合法应用，确保"十二五"期间氮氧化物监测工作的顺利完成，研究制订定《固定污染源排气中氮氧化物的测定——非分散红外吸收法》是十分必要的。

随着自动化技术的发展，对于烟气成分的分析测试技术也在不断更新和创造。非分散红外吸收分析技术便是一种用于排放气体现场监测分析的，它选择性好，寿命长，灵敏度高。仪器主要由红外光源、红外吸收池、红外接收器、气体管路、温度传感器等组成。它是利用各种元素对某个特定波长的吸收原理，当被测气体进入红外吸收池后会对红外光有不同程度的吸收，从而计算出气体含量。红外传感器具有抗中毒性好、量程范围广、反应灵敏等特点。但受外界温度波动影响较大，由于被分析气体成分复杂，具有一定的腐蚀性，如 SO_2、NO_x 等，长时间使用后气室易被污染，影响测量精度。

目前氮氧化物非分散红外吸收分析方法在国外已经得到了较为广泛的应用，日本富士（FUJI）红外线分析仪采用非分散型红外线吸收法测定 NO_x、SO_2、CO、CO_2、CH_4，其采用单光束式，可进行自动校正、上下限浓度报警以及远程量程切换等，几乎不受水分的干涉影响。日本岛津（SHIMADZU）NSA - 3080 气体分析仪采用非分散红外吸收分析方法，在国内部分污染源的在线监测系统中也得到较为广泛的应用。

一、方法原理

利用不同气体对不同波长的红外线具有选择性吸收的特性，具有不对称结构的双原子或多原子气体分子，在某些波长范围内（$1\sim25\mu m$）吸收红外线，具有各自的特征吸收波长，吸收关系遵循朗伯—比尔定律（Lambert - Beer）定律。

当一束光强为 I_0 的平行红外光入射到气体介质时，由于氮氧化物气体的选择性吸收，其出射光的光强衰减为 I，吸收关系用公式为

$$\ln I = -KCL \ln I_0$$

式中　I——表示红外光被气体吸收后的光强度；

　　　I_0——红外光入射光强度；

　　　C——气体的浓度；

　　　L——红外光通过气室的长度；

　　　K——气体的吸收常数。

NO_2 通过转换器还原为 NO 后进行测定。

烟气中的水含量是影响氮氧化物测定的主要干扰物质，需要通过实验考察预处理（除湿、冷却）装置是否能够消除高湿度对测定结果的干扰。

二、分析步骤

1. 仪器零点的校准

按仪器说明书，正确连接测定仪、采样管线及预处理装置，开启仪器泵电源开关，预热，可用高纯氮气或较洁净的环境空气进行零点校准。

2. 仪器量程的校准

用氮氧化物标准气体按照仪器说明书规定的校准程序对仪器的测定量程进行校准，非分散红外吸收法氮氧化物分析仪灵敏度随时间变化，为保证测试精度，仪器应按照说明书的规定的时间频次严格进行校准，在使用频次较高的情况下，应适当增加校准次数。

3. 样品的测定

把采样管插入烟道采样点位，以仪器规定的采样流量连续自动采样，用烟气清洗采样管道，抽取烟气进行测定，待仪器读数稳定后即可记录分析仪读数。采样位置、采样点的设置、采样时间以及采样频次参照 GB/T 16157 和 HJ/T 397 的有关规定执行。

4. 测定结束、关机

测量结果后，将采样管置于清洁的环境空气或高纯氮气中，使仪器示值回到零点后关机。

三、仪器校准方法

（1）气袋法。先用气体流量计校准测定仪的采样流量。用标准气体将洁净的铝箔集气袋充满后排空，反复三次，再充满后备用。按仪器使用说明书中规定的校准步骤进行校准。

（2）钢瓶法。将配有减压阀、可调式转子流量计及导气管的标准气体钢瓶与采样管连接，打开钢瓶气阀门，调节转子流量计，以仪器规定的流量，通入仪器的进气口。注意各连接处不得漏气。按仪器使用说明书中规定的校准步骤进行校准。

四、应用实例

1. Model 3080 型便携式红外烟气分析仪

Model 3080 型便携式红外烟气分析仪相关参数见表 5 - 10，Model 3080 型便携式红外烟气分析仪的图如图 3 - 12 所示。

表 5 - 10　　　　　**Model 3080 型便携式红外烟气分析仪相关参数**

仪 器 名 称	便携式红外烟气分析仪
生产厂名	北京雪迪龙科技股份有限公司
规格（型号）	Model 3080 型
测试气体类型	NO、NO$_2$
仪器原理	非分散红外测量方法
工作量程	（0～500～5000）mg/m^3
线性度	<±1%
重复性	<1%
最小分辨率	1

2. 便携式傅里叶变换红外气体分析仪

便携式傅里叶变换红外气体分析仪相关参数见表 5-11，便携式傅里叶变换红外气体分析仪的图如图 4-7 所示。

表 5-11 便携式傅里叶变换红外气体分析仪相关参数

仪 器 名 称	便携式傅里叶变换红外气体分析仪
生产厂名	芬兰 GASMET
规格（型号）	DX4000
测试气体类型	NO、NO_2
仪器原理	傅里叶红外光谱法
分辨率	$8cm^{-1}$
扫描速度	10 次/s
检测器	Peltier 制冷 MCT
红外光源	Sic, 1550K
样气室	多次反射光程：5.0m
采样	需外接采样系统
电源	220VAC 50Hz

五、仪器的优缺点及改进建议

红外法测定仪的优缺点见表 5-12。

表 5-12 红外法测定仪的优缺点

优 点	缺 点	改 进 建 议
分析仪灵敏度高，操作简单	体积大，笨重，预热时间长	装置生产的体积小点，重量轻点
检出限低	测试数据容易受到烟气水分的影响	增加一个烟气预处理器
抗中毒性好、量程范围广、反应灵敏	受外界温度波动影响较大，长时间使用后气室易被污染，影响测量精度	增加恒温装置，在气室入口加个过滤器

第四节 紫外光谱法

一、方法原理

物质对紫外辐射的吸收是由于分子中原子的外层电子跃迁所产生的，因此，紫外吸收主要取决于分子的电子结构，故紫外光谱又称电子光谱。有机化合物分子结构中如含有共轭体系、芳香环或发色基团，均可在近紫外区（200～400nm）或可见光区（400～850nm）产生吸收。通常使用的紫外分光光度计的工作波长范围为190～900nm，因此又称紫外-可见分光光度计。紫外吸收光谱为物质对紫外区辐射的能量吸收图。朗伯·比耳（lambert-Beer）定律为光的吸收定律，它是紫外分光光度法定量分析的依据，其

数学表达式为

$$A = \lg \frac{1}{T} = ECL$$

式中　A——吸收度；

　　　T——透光率；

　　　E——吸收系数；

　　　C——溶液浓度；

　　　L——光路长度。

如溶液的浓度（C）为 1％（g/mL），光路长度（L）为 1cm，相应的吸收系数为百分吸收系数，以 $E_{1cm}^{1\%}$ 表示。若溶液的浓度（C）为摩尔浓度（mol/L），光路长度为 1cm时，则相应吸收系数为摩尔吸收系数，以 ε 来表示。

二、分析步骤

1. 样品测定操作方法

（1）吸收系数测定（性状项下）。按各该品种项下规定的方法，配制供试品溶液，在规定的波长处测吸收度，并计算吸收系数，应符合规定范围。

（2）鉴别及检查。按各该品种项下规定的方法，测定供试品溶液在有关波长处的最大及最小吸收，有的并须测定其各最大吸收峰值，或最大吸收与最小吸收的比值，均应符合规定。

2. 含量测定

（1）对照比较法。按各该品种项下规定的方法，分别配制供试品溶液和对照品溶液，对照品溶液中所含被测成分的量应为供试品溶液中被测成分标示量的（100±10）％以内，用同一溶剂，在规定的波长处测定供试品溶液和对照品溶液的吸收度。

（2）吸收系数法。按各该品种项下配制供试品溶液，在规定的波长及该波长±1nm处测定其吸收度，按各该品种在规定条件下给出的吸收系数计算含量。采用吸收系数法，应对仪器进行校正后测定，如测定新品种的吸收系数，需按"吸收系数测定法"的规定进行。

（3）计算分光光度法。采用该法的品种，应严格按该品种项下规定的方法进行，用本法时应注意：有一些吸收度是在供试品或其成分吸收曲线的上升或下降陡坡部测定，影响精度的因素较多，故应仔细操作，尽量使测定供试品和对照品的条件一致；若该品种不用对照品，则应在测定前对仪器做仔细的校正和检定。

3. 注意事项

（1）试验中所用的量瓶、移液管均应经检定校正、洗净后使用。

（2）使用的石英吸收池必须洁净。用于盛装样品、参比及空白溶液的吸收池，当装入同一溶剂时，在规定波长处测定吸收池的透光率，如透光率相差在 0.3％以下者可配对使用，否则必须加以校正。

（3）取吸收池时，手指拿毛玻璃面的两侧。装盛样品溶液，以池体积的 4/5 为度，测定挥发性溶液时应加盖，透光面要用擦镜纸由上而下擦拭干净，检视应无残留溶剂，为防止溶剂挥发后溶质残留在池子的透光面，可先用醮有空白溶剂的擦镜纸擦拭，然后再用干擦镜纸拭净。吸收池放入样品室时应注意每次放入方向相同。使用后用溶剂及水冲洗干净，晾干防尘保存。吸收池如污染不易洗净时，可用硫酸、发烟硝酸（3∶1体积比）混合液稍加浸泡后，洗净备用。如用铬酸钾清洁液清洗时，吸收池不宜在清洁液中长时间浸泡，否则清洁液中的铬酸钾结晶会损坏吸收池的光学表面，并应充分用水冲洗，以防铬酸钾吸附于吸收池表面。

（4）测定前应先检查所用的溶剂在测定供试品所用的波长附近是否符合要求，可用 1cm 石英吸收池盛溶剂，以空气为空白，测定其吸收度，应符合表 5 - 13 规定。

以空气为空白测定溶剂在不同波长处的吸收度的规定见表 5 - 13。

表 5 - 13　　　　　　　　　　不同波长处的吸收度

波长范围（nm）	220～240	241～250	251～300	300 以上
吸收度	<0.4	<0.2	<0.1	<0.05

每次测定时应采用同一厂牌批号，混合均匀的一批溶剂。

（5）称量应按药典规定要求。配制测定溶液时，稀释转移次数应尽可能少；转移稀释时，所取容积一般应不少于 5mL。含量测定供试品应取 2 份，如为对照品比较法，对照品一般也应称取 2 份。吸收系数检查也应称取供试品 2 份，平行操作，每份结果对平均值的偏差应在 ±0.5% 以内。作鉴别或检查可取样品 1 份。

（6）供试品测试液的浓度，除各该品种项下已有注明外，供试品溶液的吸收度以在 0.3～0.7 之间为宜，吸收度在此范围误差较小，并应结合所用仪器吸收度线性范围，配制合适的读数浓度。

（7）选用仪器的狭缝宽度应小于供试品的吸收带的半宽度，否则测得的吸收度会偏低，狭缝宽度的选择应以减小狭缝宽度时，供试品的吸收度不再增加为准，对于中国药典紫外测定的大部分品种，可以使用 2nm 缝宽，但对某些品种如青霉素钾及钠的吸收度检查则用 1nm 缝宽或更窄，否则其 264nm 的吸收度会偏低。

（8）测定时除另有规定外，应在规定的吸收峰 ±2nm 处，再测几点的吸收度，以核对供试品的吸收峰位置是否正确，并以吸收度最大的波长作为测定波长。除另有规定外吸收度最大波长应在该品种项下规定的波长 ±1nm 以内，否则应考虑试样的同一性、纯度以及仪器波长的准确度。

图 5 - 2　紫外 - 可见分光光度计

三、应用实例

HJ/T 43—1999《固定污染源排气中氮氧化物的测定　盐酸萘乙二胺分光光度法》和 HJ/T 42—1999《固定污染源排气中氮氧化物的测定　紫外分光光度法》标准方法采用的紫外光谱法，具体操作步骤参照标准中的规定。

紫外 - 可见分光光度计如图 5 - 2 所示。

第五节　其　他　方　法

一、比色法

这是早期人们测定 NO$_x$ 经常采用的方法。如 Saltzman 法或其改良方法测定烟气中的氮氧化物（NO$_x$）。该法是将 Griess 试剂和 NO 反应，NO 在水溶液中极易氧化生成 NO$_2^-$，在酸性条件下 NO$_2^-$ 与重氮盐磺胺发生重氮反应，并生成重氮化合物，后者进一步与萘基乙烯基二胺发生偶合反应。该反应的产物浓度与 NO$_2^-$ 浓度具有线性关系，在 540～560nm 处出有最大吸收峰。

二、化学发光法

化学发光法是 CORESTA 推荐方法，具有灵敏、稳定性好和选择性高等优点，其测定原理是 NO 与臭氧（O$_3$）的化学发光反应（NO+O$_3$→NO$_2$+O$_2$+hν）产生激发态的 NO$_2$ 分子，当激发态的 NO$_2$ 分子返回基态时发出一定能量的光，该光的强度与 NO$_2$ 的浓度呈线性正相关关系。化学发光 NO$_x$ 分析仪就是通过测其光强对 NO 进行检测的。在用 NO$_x$ 分析仪检测 NO$_2$ 时，一般先用钼转换炉将 NO$_2$ 转化成 NO，然后再通过化学发光反应进行检测。

化学发光分析法灵敏度高，可达 10～9 级，甚至更低；选择性好，对于多种污染物共存的大气，通过化学发光反应和发光波长的选择，不经过分离便能够有效地进行各种污染物的测定；线性范围可达 5～6 个数量级。因此化学发光分析法现已被很多国家和世界卫生组织全球监测系统作为监测氮氧化物的标准方法，也引起了我国环保部门的注意和重视。

三、光谱法

光谱法主要有紫外-可见分光光度法和红外光谱法。紫外-可见分光光度法灵敏度高，定量性好，且操作简单，是目前测定氮氧化物最常用的方法。

1964 年，Westcott 等人在酸性环境下用 H$_2$O$_2$ 吸收烟气，再用离子交换技术将由 NO$_x$ 氧化得到的硝酸盐分离，而后用紫外分光光度法（UV）进行测定。1969 年，在第 23 届烟草化学家研究会议（TCRC）上，Urbanic 等人提出用 UV 测定新鲜烟气中的 NO。

测定大气中的氮氧化物，我国制定了三种标准方法，都是光谱法：GB 8969—1988 标准（盐酸萘乙二胺分光光度法），GB/T 15436—1995 标准（双重氮化试剂：α-萘胺和对氨基苯磺酸以及盐酸萘乙二胺和对氨基苯磺酸），GB/T 13906—1992 标准，即大气中的 NO$_2$ 先与吸收液中的对氨基苯磺酸进行重氮化反应，再与 N-（1-萘基）乙二胺盐酸盐作用，生成粉红色的偶氮染料，于波长 540～545nm 之间，测定吸光度。NO 是先被氧化为 NO$_2$ 后再吸收。

另外，1973 年，在第 27 届 TCRC 上，Williams 等提出采用非色散型红外分析法（NDIR）测定烟气中的 NO。近年来，傅里叶变换红外分析技术被运用于烟气中 NO 的检测。该法取样方便，可以对燃烧的卷烟进行实时分析。

四、GC 法

1974 年 Horton 等人用 Coulson 电导检测器检测卷烟烟气中氮氧化物，采用的是直接进样法。同时，还用比色法和红外法做了对比实验，它们的实验数据有很好的一致性，误差在允许范围内。

1980 年，KOICHI FUNAZO 等用 GC 法检测了 $\mu L/L$ 级以下的 NO。所用检测器是配有 Ni63 发射源的电子捕获检测器。该法首先把空气样品收集在体积已知的圆底烧瓶里，再用注射器加入反应溶液使之与气体样品反应，然后用 GC‐ECD 检测反应产物，从而实现对氮氧化物的检测，其检测限是 $0.01\mu L/L$。该法同时收集了 NO 和 NO_2，NO 不需氧化，样品的收集简单，灵敏度较高，但反应时间长，收集不是很完全。

五、IC 法

离子色谱法具有快速、方便，选择性好，灵敏度高，可同时分析多种离子化合物等优点，是测定阴离子的首选方法。通过把气体样品里的 NO_x 转化为 NO^{2-} 和 NO^{3-}，再用离子色谱测定。

1996 年，Makoto Nonomura 等通过用三乙醇胺溶液吸收空气中的氮氧化物，再直接进离子色谱进行测定。在紫外灯辐射下通入氧气把 NO 氧化为 NO_2，再用三乙醇胺溶液吸收。实验结果表明该法吸收快速、完全，且通过离子色谱的较好分离，干扰极小且测定灵敏度高。1999 年，Komazaki 等用二氧化钛和羟磷灰石混合物来氧化吸附氮氧化物，再用去离子水以 NO^{2-}、NO^{3-} 形态被洗脱下来，最后用离子色谱分析。

离子色谱法快速、灵敏、选择性好，且是通用性仪器，相关研究也有较多，所以通过合理设计收集方法、装置，建立起简便快速、实用的检测卷烟主流烟气中氮氧化物的体系是值得探索的。

第六节　离线测试和在线测试数据的比对实例

一、影响仪器测试数据的因素

1. 预处理系统

仪器测试数据的最终结果不仅由仪器本身及其测试原理决定，很大程度上取决于其预处理系统的设计是否合理。

仪器的预处理系统包括取样、输送、预处理、排放。通过预处理系统，可以调整采样气体进入分析仪器的压力、流量、温度，可以清除掉对仪器有损伤的气体成分和对分析结果有干扰的气体成分。采样气体经过预处理后，既保证了仪器运行的安全稳定，又保证了分析结果的准确可靠。

2. 采样点位置

采样点位置的选择，应符合国家相关标准、规章、规程的规定，既要保证采样气体具有代表性，又要保证采样结果的响应速度满足要求。采样探头插入的时候应避免管道上部可能存在的蒸汽和气泡以及管道底部可能存在的残渣和沉淀物的影响，应避免管道内部的设施及可能存在的凝液对采样探头的影响。

二、比对实例

1. 某电厂 330MW 机组脱硝系统进口、出口烟气氮氧化物比对

某电厂 330MW 机组在 2016 年底进行在线表计比对测试，机组满负荷运行时，该厂烟气参数见表 5-14。

表 5-14 　　　　　　　　　**某电厂 330MW 机组烟气参数**

序号	项目	内容	单位	数值	备注
1	湿烟气参数	机组负荷	MW	330	额定负荷
		湿烟气量	m^3/h	1085080	
		湿度	%	10	
		O_2	%	2.51~6.05	
		N_2	%	—	
		CO_2	%	14	
		SO_2（为含氧6%标准状况下）	$\mu L/L$	1566.25	
		飞灰含量（为含氧6%标准状况下）	mg/m^3	35000	
		烟气温度	℃	350	
2	性能指标	SCR出口NO_x（为含氧6%标准状况下）	mg/m^3	≤85	干基，标态
		NH_3逃逸浓度	$\mu L/L$	≤3	$3\mu L/L$
		脱硝效率	%	≥80.5	化学寿命期间
		SO_2/SO_3转化率	%	≤1%	
		整体系统阻力	Pa	800	二层/含备用层
		扣除催化剂后的系统阻力	Pa	450	
		烟气温降	℃	≤3	
3	物料衡算（单台炉）	SCR化学当量比	—	0.81	
		SCR减排NO_x	kg/h	344	
		液氨耗量	kg/h	150	
		液氨蒸发用蒸汽耗量	kg/h	—	
		吹灰蒸汽耗量（1次平均计）	t/h	1.59	
		稀释风量	m^3/h	4500	压力5.5kPa
		仪用压缩空气量	m^3/h	60	
		杂用压缩空气（标况下）	m^3/h	60	
		生活水（0.2~0.3MPa）	t/h	0	
		消防水（1.0MPa）	t/h	50	瞬间
		电耗	kW	38.5	

某电厂在线仪器和比对测试单位使用仪器见表 5-15。

表 5-15   某电厂在线仪器和比对测试单位使用仪器

项目	某电厂的在线仪器	比对测试单位的仪器
仪器厂家	北京雪迪龙科技股份有限公司	芬兰 GASMET
仪器型号	SCS-900 烟气连续监测系统	GASmet 傅里叶红外烟气分析仪
NO_x 测量的原理	NIIR	FTIR
量程	0～500～2500μL/L	0～500～2500μL/L

某电厂 330MW 机组脱硝系统进口、出口烟气 NO_x 测试数据及结果见表 5-16。

表 5-16   某电厂脱硝系统进口、出口烟气中 NO_x 测试数据及结果

测试时间：2016-9-29   18：00-20：30

测试位置	A 侧进口			A 侧出口		
组分 时间	氮氧化物 （以 NO_2 计） 实测 （mg/m³）	氮氧化物 （以 NO_2 计） 在线 （mg/m³）	相对误差 （%）	氮氧化物 （以 NO_2 计） 实测 （mg/m³）	氮氧化物 （以 NO_2 计） 在线 （mg/m³）	绝对误差 （mg/m³）
	339	352	—	49	50	—
	315	343	—	53	45	—
	317	309	—	51	49	—
18：00 —20：30	321	313	—	52	48	—
	315	318	—	49	44	—
	322	320	—	51	41	—
	336	335	—	50	43	—
	379	341	—	49	44	—
平均值	330.50	328.88	—0.49	50.50	45.50	—5.00
测试位置	B 侧进口			B 侧出口		
组分 时间	氮氧化物 （以 NO_2 计） 实测 （mg/m³）	氮氧化物 （以 NO_2 计） 在线 （mg/m³）	相对误差 （%）	氮氧化物 （以 NO_2 计） 实测 （mg/m³）	氮氧化物 （以 NO_2 计） 在线 （mg/m³）	绝对误差 （mg/m³）
	343	330	—	55	49	—
	332	335	—	58	50	—
	326	354	—	58	48	—
18：00 —20：30	321	349	—	56	53	—
	332	377	—	55	55	—
	355	366	—	57	56	—
	376	358	—	59	51	—
	399	370	—	57	49	—
平均值	348.1	354.88	1.95	56.88	51.38	—5.50

2. 超低排放改造后对测试仪器的影响

（1）超低排放改造实施后，进出口烟气特性差异较大，烟气监测对 CEMS 的系统配置提出了更高、更具体的要求，建议在可行性研究报告或技术规范书里明确各测点不同污染物对烟气取样方式、预处理、分析仪的测量原理、量程、检出下限等主要参数和选型的具体要求。

（2）在超低排放改造中，脱硫脱硝入口 CEMS 仍可采用常规的预处理装置和非分散红外技术测量 SO$_2$ 和 NO$_x$ 浓度，除尘器前可采用光透射法测量烟尘浓度。

（3）在脱硫脱硝出口，SO$_2$ 和 NO$_x$ 的测量优先采用紫外荧光法和化学发光法技术；若采用直抽法非分散紫外吸收/差分法分析仪时，应同时配备除水性能更优越的膜渗透烟气预处理技术。

（4）在脱硫出口，优先采用抽取高温光散射法测量烟尘浓度。

第六章

烟 尘 测 试 技 术

随着全球经济的迅速发展和城市化进程的加快，城市区域颗粒物污染现象越来越严重，影响城市环境的能见度、人体健康以及全球气候的变化，成为目前大城市最关注的大气污染物之一。大气颗粒物是大气环境中化学组成最复杂、危害最大的污染物，现已成为影响大气环境质量和人体健康的主要危害因素之一。有关颗粒物污染特征的研究表明，冬季较夏季污染严重，采暖期比非采暖期污染更为严重，但不同地区不同粒径的颗粒物略有不同。PM2.5超细颗粒物一般在城区大气中占气溶胶总质量一半以上，高浓度PM2.5可以显著降低大气能见度，从而导致灰霾污染。造成灰霾的细颗粒物大多与人类活动有关，包括人类直接排放的细颗粒物或污染气体经过气－粒转化二次形成的细颗粒物等。我国城市大气能见度一直呈现快速退化的趋势。由于可吸入颗粒物粒径小、相对比表面积大，因而其吸附性强，很容易成为空气中各种有毒物质的载体。颗粒物被吸入肺部，并且有一些残留在血液中，造成感冒、哮喘、上呼吸道感染、肺炎、气管炎等呼吸系统疾病。研究表明，可吸入颗粒物PM10，尤其是PM2.5可损害呼吸系统，破坏免疫系统，引发呼吸系统、心脑血管疾病及其他疾病，从而增加死亡率。颗粒物富集大量有毒重金属和有害有机物，并且黏附细菌和病毒。颗粒物具有水汽凝结核的作用，对酸雨的形成也有非常重要的影响，火电厂排放的颗粒物对周围大气化学成分也有重要影响。

第一节　标准中关于烟尘测试的要求

为落实《国务院办公厅关于印发能源发展战略行动计划（2014—2020年）的通知》（国办发〔2014〕31号）要求，加快推动能源生产和消费革命，进一步提升煤电高效清洁发展水平，国家发展改革委、环境保护部以及国家能源局于2014年9月12日印发了《煤电节能减排升级与改造行动计划（2014—2020年）》，其中指出东部地区现役30万kW及以上公用燃煤发电机组、10万kW及以上自备燃煤发电机组以及其他有条件的燃煤发电机组，改造后大气污染物排放浓度基本达到燃气轮机组排放限值，要求在基准氧含量6%的条件下，烟尘排放浓度不高于10mg/m³。2015

年 12 月 11 日，环境保护部、国家发展改革委、国家能源局关于印发《全面实施燃煤电厂超低排放和节能改造工作方案》的通知。要求全国有条件的新建燃煤发电机组达到超低排放水平。加快现役燃煤发电机组超低排放改造步伐，将东部地区原计划 2020 年前完成的超低排放改造任务提前至 2017 年前总体完成；将对东部地区的要求逐步扩展至全国有条件地区，其中，中部地区力争在 2018 年前基本完成，西部地区在 2020 年前完成。力争 2020 年前完成改造 5.8 亿 kW。个别地区要求在基准氧含量 6%的条件下，烟尘排放浓度不高于 5mg/m³。目前我们国家火电厂烟尘执行 GB 13223—2011《火电厂大气污染物排放标准》中的规定要求在基准氧含量 6%的条件下，烟尘排放浓度不高于 20 或 30mg/m³。我国现阶段颗粒物监测方法采用 GB/T 16157—1996《固定污染源排气中颗粒物测定与气态污染物采样方法》，从使用情况来看，该方法仅适用于颗粒物质量浓度较高的情况，对于测定低于 50mg/m³ 或 30mg/m³ 的颗粒物时误差较大。特别是目前大部分脱硫系统均无 GGH 或者已把 GGH 拆除了，超低改造后脱硫由单塔变成了单塔双循环或双塔双循环等，有些电厂烟尘治理实施还包括在脱硫之后加装湿式除尘器，致使脱硫出口或烟囱入口颗粒物处于低温、高湿、低浓度等新特点，使得现有的采样和分析标准方法无法准确测试烟尘质量浓度，同时也无法通过现有方法对 CEMS 数据进行人工比对标定和校准。

同时 HJ/T 75—2007《固定污染源烟气排放连续监测技术规范》中规定，当参比方测定烟气中颗粒物排放浓度不大于 50mg/m³ 时，绝对误差不超过 ±15mg/m³。随着超低排放改造工程的持续进行，烟尘排放浓度远低于 15mg/m³，火电厂颗粒物允许排放限值越来越低，颗粒物手工采样重量法逐渐暴露出无法准确测量和误差较大的缺陷，因此研究火电厂烟气中低浓度颗粒物的采样和测试技术规范显得尤为重要。

根据 GB 13223—2011《火电厂大气污染物排放标准》，以天然气为燃料的燃气轮机组特别排放限值见表 6-1。

表 6-1 燃气轮机组特别排放限值

项目	单位	燃气机组
SO₂	mg/m³	35
NO$_x$	mg/m³	50
烟尘	mg/m³	5
基准含氧	%	15

第二节 称 量 法

一、方法原理

采取等速采样的方式，将粉尘采样枪管由采样孔垂直插入烟道内，采样嘴正对气流，利用等速采样原理抽取一定体积的含颗粒物气体，根据滤筒在采样前后整体称重的质量差及采气体积，计算出烟气中颗粒物浓度。

二、测试方法

（1）试验之前先在实验室里烘干并称量滤筒，编号记录。测试取样完毕后，同样烘干称重，利用差量法分别计算进出口烟尘浓度。

（2）现场测试取样。先预测烟气流速和流量，选择合适的采样嘴；将滤筒放入采样管开始取样，根据泵的抽力更换采样管中的滤筒。将取好样的滤筒放入编号对应的信封。注意取出滤筒时，不能把滤筒中的烟尘倒洒外面。

（3）测量氧量、烟温、烟尘浓度等参数。

（4）记录采样时间、当地大气压和烟道几何尺寸。

（5）作好现场数据与实验条件记录。

（6）根据现场数据计算各个参数并作分析。

1）除尘器漏风率。

$$\eta = \frac{O_{2out} - O_{2in}}{K - O_{2in}} \times 100\%$$

式中　η——除尘器漏风率，%；

O_{2out}——除尘器出口平均含氧量，%；

O_{2in}——除尘器入口平均含氧量，%；

K——大气中含氧量，根据海拔查表得到。

2）除尘器除尘效率。

$$\eta_{cc} = \frac{q_{min} - q_{mout}}{q_{min}} \times 100\%$$

式中　η_{cc}——除尘器除尘效率，%；

q_{min}——进口烟尘总质量流量，kg/h；

q_{mout}——出口烟尘总质量流量，kg/h。

3）除尘器出口烟尘排放浓度。

$$c = \frac{m}{V_{snd}} \times 10^6$$

式中　c——标准状态下干烟气的含尘浓度，mg/m³；

m——所采得的粉尘重量，mg；

V_{snd}——采样烟气标态体积，L。

三、试验仪器

1. 崂应 3012H 型自动烟尘/气测试仪（09 代）

崂应 3012H 型自动烟尘/气测试仪（09 代）相关参数见表 6-2，崂应 3012H 型自动烟尘/气测试仪（09 代）的图如图 3-8 所示。

表 6 - 2 　　　　　　　崂应 3012H 型自动烟尘/气测试仪（09 代）相关参数

主要参数	参数范围	分辨率	准确度
采样流量	0～100L/min	0.1L/min	不超±2.5%FS
烟气动压	0～2000Pa	1Pa	不超过±1%FS
烟气静压	−30～+30kPa	0.01kPa	不超过±1%FS
流量计前压力	−30～0kPa	0.01kPa	不超过±1%FS
流量计前温度	−30～150℃	0.1℃	不超过±2.5℃
烟气温度	0～800℃	0.1℃	不超过±3℃
干、湿球温度（可选）	0～100℃	0.1℃	不超过±1.5%
等速采样流速	5～45m/s	0.1 m/s	不超过±5%
等速跟踪响应时间	不超过 20s		
采样泵负载能力	≥60L/min（阻力为 20kPa 时）		
数据存储能力	＞100000 组		
最大采样体积	999999.9L	0.1L	不超过±2.5%

2. 崂应 3012H - D 型便携式大流量低浓度烟尘自动测试仪

崂应 3012H - D 型便携式大流量低浓度烟尘自动测试仪相关参数见表 6 - 3，崂应 3012H - D 型便携式大流量低浓度烟尘自动测试仪如图 6 - 1 所示。

表 6 - 3 　　　　　崂应 3012H - D 型便携式大流量低浓度烟尘自动测试仪

主要参数	参数范围	分辨率	准确度
采样流量	0～100L/min	0.1L/min	不超±2.5%FS
烟气动压	0～2000Pa	1 Pa	不超过±1%FS
烟气静压	−30～+30kPa	0.01kPa	不超过±1%FS
流量计前压力	−30～0kPa	0.01kPa	不超过±1%FS
流量计前温度	−30～150℃	0.1℃	不超过±2.5℃
烟气温度	0～800℃	0.1℃	不超过±3℃
干、湿球温度（可选）	0～100℃	0.1℃	不超过±1.5%
等速采样流速	5～45m/s	0.1 m/s	不超过±5%
等速跟踪响应时间	不超过 20s		
采样泵负载能力	≥60L/min（阻力为 20kPa 时）		
数据存储能力	＞100000 组		
最大采样体积	999999.9 L	0.1 L	不超过±2.5%
外形尺寸（长×宽×高）	448mm×167mm×403mm		
仪器噪声	＜80dB（A）		
整机重量	约 10kg		
功耗	＜180W		

图 6-1　崂应 3012H-D 型便携式大流量低浓度烟尘自动测试仪

四、仪器优缺点、改进建议

崂应 3012H 型自动烟尘/气测试仪（09 代）的优缺点、改进建议见表 6-4。

表 6-4　　崂应 3012H 型自动烟尘/气测试仪（09 代）的优缺点、改进建议

仪器名称	崂应 3012H 型自动烟尘/气测试仪（09 代）
优点	配有充电电池，测量时可以外接电池
	自动调零时间较短
缺点	虽然配有两级滤芯，但滤芯为一次性产品，变色后则需要更换，当测试高尘气体时，滤芯的消耗量较大
	仪器除水能力较差，无法测试高湿烟气
	滤芯的密封处容易漏气，影响氧量测量结果
适用范围	适合测除尘器出口烟气和除尘器后、湿法脱硫系统的原烟气
	测量 SCR 脱硝装置的进口、出口烟气和除尘器进口烟气时，由于烟气含尘量大，容易堵塞过滤器的滤芯
	测量湿法脱硫系统出口烟气时，由于烟气湿度较大，会影响测量结果

第三节　β 射 线 法

一、方法原理

β 射线具有一定穿透力，当它穿过一定厚度的吸收物质时，其强度随吸收物质厚度的增加逐渐减弱，通过测量穿过物质前后的 β 射线强度，即可得出吸收物质的浓度。

$$I = I_0 e^{-\mu x}$$

式中　I——通过吸收物质后的射线强度；

　　I_0——未通过吸收物质的射线强度；

　　μ——待测吸收物质对射线的质量吸收系数；

　　x——待测吸收物质的质量浓度。

该技术基于抽取式测量方式，不受烟尘粒径分布、折射系数、组分变化、烟气湿度等影响，可用于烟尘浓度低、烟气湿度大的工况。但抽取式测量属于点测量，不适合烟气流速变化大、烟尘浓度分层的场所。

二、测试方法

β射线仪就是利用β射线衰减的原理，通过上面我们对β射线衰减原理的计算分析，现在就可以很清楚地了解到β射线仪的工作原理。环境空气由采样泵吸入采样管，经过滤膜后排出，颗粒物沉淀在滤膜上，当β射线通过沉积着颗粒物的滤膜时，β射线的能量衰减，通过对衰减量的测定便可计算出颗粒物的浓度。β射线法颗粒物监测仪由PM10采样头、PM2.5切割器、样品动态加热系统、采样泵和仪器主机组成。流量为$1m^3/h$的环境空气样品经过PM10采样头和PM2.5切割器后成为符合技术要求的颗粒物样品气体。在样品动态加热系统中，样品气体的相对湿度被调整到35%以下，样品进入仪器主机后颗粒物被收集在可以自动更换的滤膜上。在仪器中滤膜的两侧分别设置了Beta射线源和Beta射线检测器。随着样品采集的进行，在滤膜上收集的颗粒物越来越多，颗粒物质量也随之增加，此时Beta射线检测器检测到的Beta射线强度会相应地减弱。由于Beta射线检测器的输出信号能直接反应颗粒物的质量变化，仪器通过分析Beta射线检测器的颗粒物质量数值，结合相同时段内采集的样品体积，最终得出采样时段的颗粒物浓度。配置有膜动态测量系统后，仪器能准确测量在这个过程中挥发掉的颗粒物，使最终报告数据得到有效补偿，更接近于真实值。

三、试验仪器

BAM-1020粉尘检测仪相关参数见表6-5，BAM-1020粉尘检测仪如图6-2所示。

表6-5　　　　　　　　　　BAM-1020粉尘检测仪相关参数

仪 器 名 称	BAM-1020粉尘检测仪
生产厂名	厦门隆力德环境技术开发有限公司
规格（型号）	BAM-1020
测试粉尘类型	PM2.5
仪器原理	β射线法
工作量程	$0\sim50mg/m^3$

四、仪器优缺点及改进建议

β射线仪不受粉尘粒子大小及颜色的影响，具有直读、快速测尘、操作简便及实时测量的优点。并且在线监测仪结构简单，需要的人工维护量相对较低，故障发生率也相对较低。

β射线法PM2.5在线监测设备一般分为步进式和连续式两种。步进式仪器一般1小时出1个数据，连续式仪器可进行连续测量。颗粒物对β射线的吸收与颗粒物的种类、粒径、形状、颜色和化学组成等无

图6-2　BAM-1020粉尘检测仪

关，只与粒子的质量有关。β射线是由 14C 射线源产生的低能射线，安全耐用。β射线吸收原理自动监测仪测量 PM10 的优点是要求样品量很少，根据实际需要，采样时间 1～99min 可调，可每小时自动得出一个监测数据，实时反映空气中 PM10 浓度的变化情况，并可进行数据传输，有利于远程监测和自动控制，并极大地减少了人工工作量。其缺点是和其他方法比较相对成本较高。

第四节　光学法、光散射法

一、方法原理

光散射法主要分为颗粒计数法和颗粒群光散射法。颗粒计数法，主要指单颗粒通过传感器的光敏区时，产生相应光脉冲，光脉冲的大小对应于颗粒直径大小，光脉冲数目对应于颗粒物数目的大小，通过统计总的光脉冲，从而计算出质量浓度的大小。颗粒群光散射法，它的基本原理是通过光敏区的颗粒群质量浓度与光通量探测器的光通量平均值呈线性关系，通过检测光通量探测器的光通量大小确定颗粒群质量浓度大小。

二、测试方法

1. 美国 Sensor 公司的颗粒物检测技术

美国 Sensor 公司采用压电振动法开发的 SEMTECH QCM 颗粒物质量检测仪器，主要用来测试发动机中排放的颗粒物浓度。QCM 创新性的将静电沉积技术应用到取样后级系统中，当一定体积空气中的颗粒物附着于晶体表面，这些颗粒物浓度变化会引起晶体振荡频率的改变，通过测试振荡频率从而计算出颗粒物的质量浓度。QCM 采样时间短，通常在几十秒内完成整个测量过程，具有很好的实时特性。

2. 荷兰 Detaki 公司的颗粒物检测技术

荷兰 Detaki 公司研究开发综合利用空气动力学原理开发的低压冲击撞击 RIPI 质量浓度检测仪。该技术不仅能够测量总的颗粒物质量浓度，而且能够将 $7nm～10\mu m$ 之间颗粒群分为 13 个等级，并且按颗粒物直径尺寸，能够对每一级的颗粒物浓度和粒子尺寸进行瞬态测量。测量过程：含有颗粒物的空气首先被加热稀释，然后通过静电室后，颗粒物通过静电室放电产生的离子而带电荷，带电颗粒物由于自身尺寸大小而具有不同惯性，在定向流动过程中被 13 个撞击级收集，根据这 13 个撞击级电流信号大小测量出每一级中颗粒物质量浓度的大小，并通过计算得到总的颗粒群质量浓度大小。

3. 美国 TSI 公司的颗粒物测试技术

美国 TSI 粒子技术上是全球公司领导者，TSI 公司的产品包括粒径测量仪器、粒子颗粒浓度测量仪器、气溶胶发生器等系列产品，TSI 在颗粒物测试技术上得到全球客户的青睐。粒子颗粒浓度测量仪的系列产品，包括 DUSTTRAKTM DRX 8530/8532/8533 粉尘浓度监测仪，水基凝聚核粒子计数器以及凝聚核粒子计数器等，其中上述 DUSTTRAKTM DRX 8530/8532/8533 粉尘浓度监测仪采用 90°光散射法进行测量。

DUSTTRAKTM DRX 系列粉尘浓度监测仪如图 6-3 所示。

首先采用气泵将待测颗粒群吸入光敏区内，激光发射器所发出激光通过消光光闸之后，在光敏区内与颗粒群相遇并发生散射，散射的光被聚焦透镜收集之后，聚焦于光电探测器。通过测量光电探测器的光电流大小，从而得到颗粒群质量颗浓度的大小。

图 6-3 DUSTTRAKTM DRX 系列粉尘浓度监测仪

4. 试验仪器

国外先进光散射法颗粒质量浓度检测仪见表 6-6。

表 6-6 国外先进光散射法颗粒质量浓度检测仪

参数	公司：美国 SKC 产品：HAZ - DUST Ⅳ Particulate Monitor	公司：美国 TSI 产品：DUSTTRAKTM DRX 8532	公司：英国 CASELLA 产品：Microdust Pro Particulate Monitor
测量原理	前向散射	90°散射	12°~20°前向散射
浓度范围	0.01~200mg/m³	0.01~150mg/m³	0.001~2500mg/m³
分辨率	0.001mg/m³	0.01mg/m³	0.001mg/m³
粒径范围	0.1~10μm	Min D：0.1μm	TSP, PM10, PM2.5
采样流量	1.0~3.3L/min	3.0×(1±5%)L/min	1.0~4.0L/min

国内也有多个厂商生产光散射法颗粒物浓度测量系统，但是在测量方面，测量精度以及稳定性方面与国外先进技术差距比较大。

第五节 其 他 方 法

目前粉尘检测方法主要分为非在线测量法和在线测量法两种。在前面的章节中非在线测量法已详细介绍过，这里就不再累述，主要简单介绍一下在线测量技术。

在线测量法测量粉尘浓度主要包括微波法、超声波法、过程层析成像法、光散射法、β 射线衰减法及压电晶体频率变化法。微波法、超声波法和过程层析成像法对于设备的要求严格，造价高昂，并且由于技术的难度现在还没有进入实用阶段。光散射法、β 射线衰减法前面章节已详细介绍过这里就不再累述，下面只简单介绍一下超声波法、压电晶体频率变化法、电荷法、摩擦电法等测试粉尘浓度的原理及基本方法。

一、超声波法

超声波法即将超声波通过被测的颗粒物浓度之后，超声波会有一定程度地衰减来确定颗粒物浓度的大小。

二、压电晶体频率变化法

压电晶体频率变化法是利用压电材料由于吸附尘样介质后质量改变，引起压电振动频率改变的原理来测量粉尘浓度的测量装置。当被测烟气通过压电晶体时，尘粒被过滤滞留在晶体上，使晶体的质量发生变化，从而引起压电晶体振动频率的改变，只要测量出压电晶体的频率的变化即可确定被滤尘样的质量，进而求得被测粉尘的质量浓度。压电晶体法由于结构的特点测尘范围不能超过 $10mg/m^3$，因此，并不适合粉尘浓度较高的生产环境。

三、电荷法

通过粉尘带电机理的研究可得，粉尘的带电量与粉尘浓度有一定的关系，随着粉尘浓度的变化，粉尘的带电量也会发生一定规律的变化，运用静电感应法对粉尘带电量进行测量，并结合适当的信号处理方法，即可实现粉尘浓度的在线测量。此种粉尘浓度测量方法被称为基于电荷感应原理的粉尘浓度测量方法（简称电荷法）。电荷法是近十年来在国际上受到重视的一种粉尘浓度在线测量方法，具有灵敏度高、结构简单、免维护等优点。电荷法测量粉尘浓度包括感应电荷信号的测量采集以及电荷信号的处理两部分。其中感应电荷信号的测量采集装置包括一个对电荷敏感的敏感元件和信号采集电路；电荷信号的处理主要是指电荷信号与粉尘浓度关系的建立。

四、摩擦电法

摩擦电法测量粉尘浓度是对运动的颗粒与插入流场的金属电极之间由于碰撞、摩擦产生等量的符号相反的静电荷进行测量，来考察与粉尘浓度的关系，其特点是灵敏度高、结构简单、免维护。目前应用的仪器测量对象主要是稀相流，因稀相流的流场分布比较均匀，而且出现颗粒聚结成团现象的机会很少。

从目前的情况看，粉尘浓度在线测量方法均存在着这样或那样的缺点，不能高效准确地满足粉尘浓度实时监测的要求，因此，在粉尘浓度在线测量方面需要广大科研人员继续努力，研究一种新型的粉尘浓度测量方法。

第六节 离线测试和在线测试数据的比对实例

一、离线测试方法原理

采取等速采样的方式，将粉尘采样枪管由采样孔垂直插入烟道内，采样嘴正对气流，利用等速采样原理抽取一定体积的含颗粒物气体，根据滤筒在采样前后整体称重的质量差及采气体积，计算出烟气中颗粒物浓度。根据测试结果与在线监测数据进行对比，算出绝对误差和相对误差来说明在线仪器的准确性。依据标准 HJ/T 76—2007《固定污染源烟气排放连续监测技术要求及检测方法（试行）》中所列烟气在线检测项目及考核指标，见表 6-7 所示。

采样点位置的选择，应符合国家相关标准、规章、规程的规定，既要保证采样气体具有代表性，又要保证采样结果的响应速度满足要求。

二、代表仪器

1. 崂应 3012H 型自动烟尘/气测试仪（09 代）

崂应 3012H 型自动烟尘/气测试仪（09 代）相关参数见表 6-2。

2. 崂应 3012H‐D 型便携式大流量低浓度烟尘自动测试仪

崂应 3012H‐D 型便携式大流量低浓度烟尘自动测试仪相关参数见表 6‐3。

三、在线测试方法原理

在线分析仪的主要技术指标见表 6‐7。

表 6‐7 在线分析仪的主要技术指标

设备名称	YSB‐GUV‐S‐N‐O‐2009V1（MPU）连续气体分析仪		
检测项目	SO_2、NO_x、CO、HCl、NH_3 和 O_2		
测定成分	SO_2	NO_x、CO、HCL、NH_3	O_2
测定方法	紫外吸收法	红外吸收/电化学法	电化学法/磁氧法
响应时间	10s	10s	20s
监测范围	$0\sim5000mg/m^3$	$0\sim1000mg/m^3$	$0\sim25\%$
零点漂移	$\leqslant2\%$（24h）	$\leqslant2\%$（24h）	$\leqslant2\%$（24h）
满量程漂移	$\leqslant5\%$（168h）	$\leqslant5\%$（168h）	$\leqslant5\%$（168h）
校准方式	手动/自动	手动/自动	手动/自动

四、比对实例

某电厂 330MW 机组脱硫系统进口、出口烟尘比对试验。

（1）电厂测试工况介绍。脱硫系统进口、出口烟尘浓度比对测试在锅炉满负荷稳定运行工况下进行。主机主要设备参数见表 6‐8。

表 6‐8 主机主要设备参数

名称	单位	BMCR	THA
过热蒸汽流量	t/h	1018	919
过热器出口蒸汽压力	MPa（表压）	18.44	18.30
过热器出口蒸汽温度	℃	543	543
再热蒸汽流量	t/h	923	836
再热器进口蒸汽压力	MPa（表压）	4.413	4.004
再热器出口蒸汽压力	MPa（表压）	4.246	3.852
再热器进口蒸汽温度	℃	335	324
再热器出口蒸汽温度	℃	543	543
省煤器进口给水温度	℃	259	253

（2）测试情况。脱硫系统进口、出口烟气流速比对测试见表 6‐9。

表 6 - 9　　　　　　　　脱硫系统进口、出口烟气流速测试数据及结果

时间	11：50～14：30					
测试位置	进口			出口		
组分	烟气流速实测（m/s）	烟气流速在线（m/s）	相对误差（%）	烟气流速实测（m/s）	烟气流速在线（m/s）	相对误差（%）
测试值	12.8	11.45	—	12.6	12.29	—
	12.8	11.53	—	12.6	12.30	—
	12.8	11.25	—	12.6	12.28	—
	12.8	11.26	—	12.6	12.33	—
	12.8	11.37	—	12.6	12.29	—
	12.8	11.48	—	12.6	12.28	—
	12.8	11.28	—	12.6	12.31	—
	12.8	11.53	—	12.6	12.36	—
平均值	12.8	11.39	11	12.6	12.31	2.3

脱硫系统进口、出口烟尘比对测试见表 6 - 10。

表 6 - 10　　　　　　脱硫系统进口、出口烟气中烟尘浓度测试数据及结果

时间	11：50～14：30					
测试位置	进口			出口		
组分	烟尘浓度实测（mg/m³）	烟尘浓度在线（mg/m³）	绝对误差（mg/m³）	烟尘浓度实测（mg/m³）	烟尘浓度在线（mg/m³）	绝对误差（mg/m³）
测试值	104.2	137.3	33.1	6.29	4.5	−1.79
	104.2	131.9	27.7	6.53	4.6	−1.93
	104.2	124.3	20.1	6.38	4.6	−1.78
	103.6	128.8	25.2	6.55	4.5	−2.05
	102.5	134.9	32.4	6.23	4.5	−1.73
	105.2	118.2	13	6.16	4.9	−1.26
	102.5	118	15.5	6.01	5.1	−0.91
	103.6	116.8	13.2	6.94	4.9	−2.04
平均值	103.75	111.28	7.53	6.39	4.7	−1.69

五、电厂超低排放改造后对测试仪器的影响

（1）超低排放改造实施后，进出口烟气特性差异较大，烟气监测对 CEMS 的系统配置提出了更高、更具体的要求，建议在可行性研究报告或技术规范书中明确各测点不同污染物的烟气取样方式、预处理方式、测量原理、量程、检出下限等主要参数的具体要求。

（2）在超低排放改造中，脱硫脱硝入口 CEMS 仍可采用常规的预处理装置和非分散红外技术测量 SO_2 和 NO_x 浓度，除尘器前可采用光透射法测量烟尘浓度。

（3）在脱硫脱硝出口，SO_2和NO_x的测量优先采用紫外荧光法和化学发光法技术；若采用直抽法非分散紫外吸收/差分法分析仪时，应同时配备除水性能更优越的膜渗透烟气预处理技术。

（4）在脱硫出口，优先采用抽取高温光散射法测量烟尘浓度。

第七章

SO₃ 测 试 技 术

目前工业中的 SO₂排放严重污染大气环境并造成酸雨污染，而在燃煤的过程中也会伴随少量 SO₃产生。SO₃性质特殊，极易与水反应生成硫酸，在烟气中会与水蒸气反应生成硫酸蒸汽，凝结后会对设备造成腐蚀。烟气中 SO₃含量越高，对设备的危害越大。随着国家对环保标准的日益严格，特别是超低排放对烟气中氮氧化物的排放限值要求越来越低，脱硝投运要求越来越高。选择性催化还原法（selective catalytic reduction，SCR）作为目前主要的脱硝技术得到了广泛应用。SCR 的催化剂主要以 V_2O_5 为主要活性成分，TiO_2 为载体，WO_3 或 MoO_3 为助催化剂。该方法效率高，氨利用效率高，但烟气中的氨使 SCR 催化剂中毒，同时烟气中的 SO₃与作为脱硝还原剂的 NH_3 和烟气中的水蒸气反应生成硫酸铵或硫酸氢铵，在 232℃以下时硫酸铵和硫酸氢铵会在空气预热器上附着，腐蚀、堵塞下游设备，所以 SO₃的监测与测试日益受到行业的重视。

第一节 标准中关于 SO₃测试技术的要求

三氧化硫在标准状况下是一种无色易升华的固体，熔点 16.8℃，沸点 44.8℃，溶于水，会与水剧烈反应放出大量的热并生成硫酸。三氧化硫的气体形式是一种严重的污染物，是酸雨的主要来源之一。

一、烟气中 SO₃测试技术

我国的许多标准对烟气中的 SO₃测试技术有明确的进行规定和要求。近年来，烟气中的 SO₃测试的重要性和必要性越来越得到行业中的重视，如 DL/T 998—2006《石灰石-石膏湿法烟气脱硫装置性能验收试验规范》中规定的采集方法：加热烟气至 150℃以上，通过滤芯过滤颗粒物后冷凝吸收 SO₃，用去离子水作为洗液清洗，后用重量法、电位法进行检测。GB/T 21508—2008《燃煤烟气脱硫设备性能测试方法》中规定了烟气中 SO₃的采样法：将烟气加热至 260℃，通过滤芯过滤颗粒物后冷凝吸收 SO₃，用异丙醇作为洗液清洗，后用 NaOH 标液滴定进行检测。HJ 544—2006《固定污染源废气硫酸雾的测定 离子色谱法》中规定采用采集吸附硫酸雾的颗粒物进行采样，用去离子水做洗液，后用离子色谱法进行分析。

但 GB 3095—2012《环境空气质量标准》中并未将 SO₃ 列入规定污染物，国家应当重视和加速相应标准的出台。目前行业中烟气 SO₃ 的测试方法多种多样，主要以冷凝法、异丙醇法、NaOH 法、螺旋管法等为主。SO₃ 的测试的标准有待进一步完善。

二、其他行业中 SO₃ 测试技术

参照其他行业标准中对三氧化硫测定的要求，也可以对 SO₃ 测试技术进行侧面的了解。

例如，在水泥行业中 GB/T 176—2008《水泥化学分析方法》中规定：碘量法、离子交换法、铬酸钡分光光度法和库伦滴定法 4 种 SO₃ 的测试技术。在采矿行业中 GB/T 1880—1995《磷矿石磷精矿中三氧化硫含量的测定 重量法》中介绍了重量法测定三氧化硫的含量。以上 2 个标准中介绍的大多是固体中的 SO₃ 测试方法，其中分析部分对于烟气中 SO₃ 的测试方法可以作为借鉴，在此就不一一展开了。

第二节　冷　凝　法

冷凝法又称为控制冷凝法，是目前测量烟气中低浓度 SO₃ 最为准确的方法。该方法与美国全国大气与水域改进委员会（NCASI）所规定的 METHOD 8A 的采样方法相同，我国 GB/T 21508—2008《燃煤烟气脱硫设备性能测试方法》中使用的也是控制冷凝法。

一、方法

1. 采样

根据 GB/T 21508—2008《燃煤烟气脱硫设备性能测试方法》要求，采样前应做好准备，将用于取样的蛇形收集管、玻璃管和过滤器用丙酮清洗干净，在空气中干燥，如有难以洗净的固体异物应用重铬酸钾洗净后再用丙酮清洗。测量烟道中心断面截面积，取样部位应为靠近烟道断面中心位置的一点或几点，测量取样部位的烟气流速。组装好测量仪器，设定加热枪温度为 260℃，水浴温度设定为 60～65℃，吸收瓶中装入足量 3％的 H₂O₂ 溶液，将烟枪插入烟道，开启抽气泵，调节速率达到等速采样要求，抽取体积要满足后续检测使用。采样结束后用少量去离子水分别清洗蛇形管和过滤器，收集洗液于 100mL 容量瓶中定容。

2. 分析

采样结束后，用去离子水对过滤器和蛇形管进行洗涤后用容量瓶收集洗液，进行定容，以备分析。GB/T 21508—2008《燃煤烟气脱硫设备性能测试方法》中要求 SO₃ 样品按照 GB 6911.1《锅炉用水和冷却水分析方法 硫酸盐的测定　重量法》和 GB 6911.3《锅炉用水和冷却水分析方法 硫酸盐的测定　电位滴定法》进行分析。美国 NCASI 规定的 METHOD 8A 法中使用钡‑钍滴定法测定 SO₃ 浓度，最低检出限值为 $0.5mg/m^2$。

二、原理

利用加热的取样枪将烟气从烟道中取出，而后进入加热装置，取样枪的温度应在

260℃以上。若温度过低，SO_3与水蒸气形成的硫酸蒸汽易在管道中冷凝，从而影响测量温度，所以需加热探头使其温度在硫酸露点以上。由于烟气中含有的灰会与硫酸蒸汽发生反应或者硫酸蒸汽在灰上冷凝，所以在探针必须加装过滤装置，以去除烟气中的颗粒。另一方面，烟枪的加热温度不能过高，因为烟气中含有催化作用的飞灰，若温度过高，则过滤装置上的飞灰易使烟气中的SO_2向转变SO_3，从而导致测量误差。烟气通过过滤器之后，到达冷凝管，冷凝管的温度控制在60～65℃，硫酸及SO_3在冷凝管中被冷凝，而蛇形管利用离心力将液雾吸附在蛇形管内，从而收集到SO_3。这个方法中最关键的两点在于：①尽量减少SO_3与烟气中的灰反应或者被吸收，尤其在过滤器上；②确保尽量多SO_3在冷凝管中冷凝及所有冷凝的SO_3被转移。

控制冷凝法试验仪器如图7-1所示。

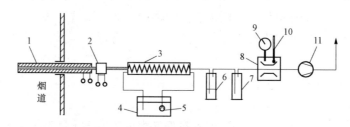

图7-1　冷凝控制法取样装置示意图

1—加热采样管；2—加热石英过滤器；3—蛇形玻璃收集管；4—水浴；5—水力循环泵；

6—吸收瓶；7—液滴分离器；8—湿式流量计；9—压力计；10—温度计；11—抽气泵

图7-1为冷凝控制法SO_3取样装置，仪器应注意在蛇形管前全部保温保持温度统一，避免水凝结形成水雾吸收SO_3，同时控制蛇形管温度，使得管内形成酸雾，必要时可增加蛇形管长度。注意石英过滤器的温度以及堵塞情况，尘量高的地方应合理控制采样时间，以免取样过程中堵塞。

三、仪器优缺点及改进

从测试结果看SO_3的测试准确度。实际采样中，冷凝控制法有存在诸多的优点与缺点见表7-1。

表7-1　　　　　　　　　　　　冷凝控制法的优缺点

优　点	缺　点	改　进
冷凝控制法采样所用的仪器为最基础的试验设备所搭建，单纯的化学玻璃仪器搭配简单的机电设备即可组装。采集过程只需控制机电设备进行温度、采样流量控制，在各种采样环境下操作简单方便，试验条件要求低	根据国外机构试验，冷凝控制法采样，所得结果受到烟气中HF与脱硝系统的NH_3干扰	在原有测量方法的基础上，增加对HF、NH_3的测量，并依据HF、NH_3的测量结果，对SO_3结果进行修正

续表

优　点	缺　点	改　进
国标将其收录在 GB/T 21508—2008《燃煤烟气脱硫设备性能测试方法》中，在火电厂性能试验中可依据国标方法进行试验，所得结果具有权威性，为检测机构广泛使用	烟气经过脱硝系统后温度高，烟气从锅炉炉膛中出来，仅有燃烧产生的水，湿度很低而且因为烟气温度高全部为水蒸气形式，烟气进入采样系统本身温度高于采样温度，对 SO₃ 收集影响很大。而烟气经过脱硫系统后，因为湿法脱硫进行浆液喷淋的缘故，烟气中水含量大增，湿度变得极高，而烟气经过漫长的烟气系统，又通过湿法喷淋，温度已经降至100℃以下，此时烟气中的水也形成液滴会对烟气中的 SO₂ 与 SO₃ 进行吸收影响试验结果。为此，烟气参数不同，存在酸露点低于 75～85℃ 硫酸蒸汽无法结露的可能性，影响捕集率	改进采样系统的温度控制方式，严格控制预热温度

第三节　异　丙　醇　法

美国国家环境保护局颁布的 Method 8，最低检测 SO_3 浓度的限值为 $50mg/m^3$，燃煤电厂烟气中的 SO_3 浓度一般不高，实际测试当中 Method 8 的测试的最低检测限值也已经超过测量的 SO_3 浓度。为此应提高收集效率，异丙醇法就是为应对这种情况而产生的，异丙醇法在于用吸收剂进行洗气，为此在 SO_3 的捕集能力上有一定的改进。

一、方法

1. 采样

与冷凝法类似，采样前应做好准备，将用于取样的吸收瓶、玻璃管和过滤器用去离子水清洗干净，配置浓度为 80％ 的异丙醇溶液用去离子水进行稀释，每只吸收瓶加入 100mL 80％ 的异丙醇溶液放入冰水浴中。测量烟道中心断面截面积，取样部位应为靠近烟道断面中心位置的一点或几点，测量取样部位的烟气流速。组装好测量仪器，设定加热枪温度为 260℃，冰水浴温度应为 0℃，将烟枪插入烟道，开启抽气泵，调节速率达到 1L/min 共取样 20min，记录采样的烟气体积和标准状态、干基烟气体积。采样结束后用足量的异丙醇对吸收液进行定容，定容在于 250mL 容量瓶中。

2. 分析

异丙醇法中样品溶液为异丙醇溶液异丙醇影响滴定稳定剂，同时滴定产生的沉淀容易在异丙醇溶液中聚集。所以异丙醇法不能用一般的 SO_4^{2-} 检测方法进行检测。可采用高氯酸钡-钍法进行滴定。通常采用 0.01mol/L 的高氯酸钡为标准溶液进行滴定，以钍指示剂为指示剂。滴定至粉红色为到达终点。依据标准溶液消耗量，计算 SO_4^{2-} 含量，折算为 SO_3 含量。或者采用钍试剂法，用过量 $BaCl_2$ 与样品中的 SO_4^{2-} 反应，反应后过量

的 Ba^{2+} 与钍试剂反应生成络合物，络合物颜色与原溶液中的 SO_4^{2-} 浓度成反比。测定络合物浓度可间接测定 SO_4^{2-} 浓度。这种方法需要测定分光光度计波长、$BaCl_2$ 用量和 SO_4^{2-} 分光光度计吸光度标准曲线，通过分光光度计读数，确定 SO_4^{2-} 浓度。

二、原理

烟气通入装有异丙醇溶液的洗气瓶，异丙醇浓度为 80%，异丙醇作用是吸收烟气中的 SO_3，且防止 SO_3 氧化，后面接两个装有 3% H_2SO_4 的洗气瓶，用以吸收烟气中的 SO_2，最后接干燥剂，干燥烟气中的水分，烟气从洗气瓶出来后，接入气体流量计。这三个洗气瓶均在 0℃ 冰的冰浴中。

异丙醇法取样装置示意图如图 7-2 所示。

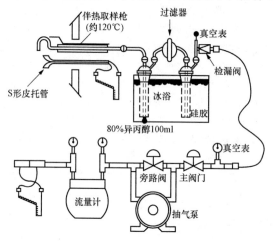

图 7-2 异丙醇法取样装置示意图

与冷凝法不同，异丙醇法的主要捕集方法改为用浓度 80% 的异丙醇溶液吸收 SO_3，在吸收同时，异丙醇也会吸收烟气中的 SO_2，造成试验误差，此时应采样结束后在异丙醇中通入氩气，促使吸收的 SO_2 溢出。经过装有异丙醇的洗气瓶后，通入 3% 的 H_2O_2 进入泵机。

三、应用实例

德国 Tisch 公司出品的 PENTOL 型 SO_3 检测仪是目前市场上少有的专门为连续监测火电厂烟气中的 SO_3 含量而开发的设备。设备也已经广泛地应用于行业内 SO_3 检测。该设备在对 SO_3 采样时使用的方法就是异丙醇法，使用异丙醇吸收烟气中的 SO_3 以及 H_2SO_4，而后将采样所得到的液体通过氯冉酸钡的床。通过比浊法，用连续的分光光度计测量氯冉离子所产生的酸浓度，计算参与反应的氯冉离子浓度，反应消耗的氯冉离子浓度直接与硫酸盐离子浓度相关，由此可计算 SO_3 浓度。

四、仪器优缺点及改进

异丙醇法的优缺点见表 7-2。

表 7-2　　　　　　　　　　　异丙醇法的优缺点

优　点	缺　点	改　进
异丙醇法设备简单，仅需用基础试验器材搭建，步骤清晰	吸收所用的异丙醇对后期滴定分析有影响，易造成误差	建议使用高氯酸钡 - 钍法进行滴定，干扰会大幅降低
异丙醇法通过采用控制采气管路伴热温度，缩短裸露在环境中的连接管路等措施，可以有效地提高 SO_3 捕集率	异丙醇会吸收烟气中的 SO_2，采样后入氩气，可以使 SO_2 溢出，采样时间过长，烟气中的 SO_2 与其他物质反应，SO_2 被氧化成为 SO_3	建议在取样时尽量缩短取样时间，防止过多 SO_2 转化，影响试验结果

第四节 螺 旋 管 法

螺旋管法被称为日本法，该法在日本被广泛采用，美国部分地区也使用这一种方法对烟气中的SO_3浓度进行检测，但该法尚未被列入各国官方标准。该方法源自冷凝控制法，采样装置基本结构相同，烟枪和过滤部分取自控制冷凝法。冷凝收集装置换为一根螺旋管。

一、方法

1. 采样

采样前应先将螺旋管洗净，并用烘箱烘干，将采样装置组装好并给水浴锅加热待水浴锅达到设定温度（一般同冷凝法相同，为60～65℃）待温度达到设定值后保持恒温。将采样装置的取样枪插入烟道测孔，开启抽气泵，进行等速采样（通常每次采样300L）。记录烟气温度，记录采样体积，采样结束后立即将螺旋管拆下，用硅胶管连接螺旋管两端，防止采集的SO_3样品泄漏或被污染。将采样结束后的螺旋管用去离子水冲洗3～5次，移入250mL容量瓶，定容后摇匀，等待分析。

2. 分析

样品分析方法与冷凝法相同，可采用重量法、铬酸钡光度法、离子色谱法、浊度法、容量滴定法。与冷凝法完全相同，参照国家标准即可。

二、原理

螺旋管法在原理上与控制冷凝法类似，收集SO_3是让采集的烟气经过一个螺旋的石英管，烟气中的SO_3在离心力和重力作用之下在螺旋管壁冷凝，本方法的测试精度高，对试验的影响因素在可控范围内。

螺旋管法取样装置示意图如图7-3所示。

试验仪器与冷凝法大同小异，用于收集的螺旋管是装置的核心，通常用石英制造，气密性强，强度高耐腐蚀、耐高温。

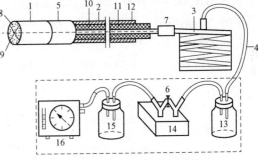

图7-3 螺旋管法取样装置示意图

1—除尘头；2—采样管；3—螺旋收集管；4—橡胶管；

5—螺纹接头；6—气流调节阀；7—硅胶管；

8—脱脂棉；9—铁丝；10—内管；11—恒温电热带；

12—外管；13—第一洗气瓶；14—真空泵；

15—第二洗气瓶；16—湿式气表

三、应用实例

该法在日本烟气的SO_3含量测试中被广泛使用，国内行业运用不多，主要因为该法并非标准中明确规定的方法。可作为验证参照方法，以后也可作为一种可行方法填补目前行业中对于电厂烟气SO_3浓度测试方法的不足。

四、仪器优缺点及改进

螺旋管法的优缺点见表7-3。

表 7 - 3	螺旋管法的优缺点	
优　　点	缺　　点	改　　进
相比冷凝法，螺旋管法在采集仪器方面进行了改进，采用整体的螺旋管使设备进一步简化。相比于蛇形管，螺旋管在占用相同空间的前提下，采集管路长度远大于蛇形管，而且连接牢靠，更适合测试现场作业	首先，结果受到烟气组分中的部分物质影响，会使测试精度下降。其次，不同工况下的烟气测试结果会有不同，特殊工况会使 SO$_3$ 捕集率下降。再次，烟气中水分如果过大，会使 SO$_3$ 能力大幅下降	改良预热系统，严格控制采样温度

第五节　其　他　方　法

一、盐吸收法

盐吸收法源自外国的研究，由 Kelman 于 1952 年提出，该方法采用氯化钠（NaCl）收集烟气中的 SO$_3$。该法主要步骤是将烟气加热到酸露点以上，将烟气通过装有过滤装置和盐的采样管，让烟气中的 SO$_3$（H$_2$SO$_4$）与 NaCl 发生反应。

$$NaCl(s) + H_2SO_4(g) \longrightarrow NaHSO_4(s) + HCl(g)$$
$$2NaCl(s) + H_2SO_4(g) \longrightarrow Na_2SO_4(s) + 2HCl(g)$$

采样结束将样品溶于去离子水，测量其中的硫酸根离子，计算得到烟气中的 SO$_3$ 浓度。也可以通过测定烟气中的 HCl，从而计算得到烟气中的 SO$_3$ 浓度。目前已有专利中运用该种测定 HCl 来计算 SO$_3$ 的方法。同时，NaCl、KCl、K$_2$CO$_3$ 和 CaCl$_2$ 都可以进行烟气中的 SO$_3$ 的吸收，其中 NaCl、KCl 的吸收效果好，K$_2$CO$_3$ 的测量值偏高。烟气中的 SO$_2$ 对 NaCl、KCl 测试的结果没有影响。

盐吸收法取样装置示意图如图 7 - 4 所示。

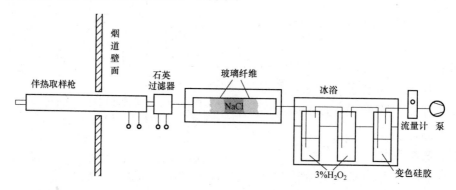

图 7 - 4　盐吸收法取样装置示意图

二、棉塞法

棉塞法被广泛应用于硫酸工业，它源于硫酸车间烟气管道中 SO$_3$ 含量的测定方法。该方法主要原理是硫酸烟气通过润湿的棉花塞时，其中三氧化硫即与水结合成酸雾而被棉花吸收下来，将棉花塞溶于水中，用碘标准溶液将棉花吸附的少量 SO_2 转为 SO_3，以氢氧化钠标准滴定溶液滴定总酸量，根据消耗的氢氧化钠标准溶液、碘标准溶液的量及通过的气体体积，计算出烟气中三氧化硫的含量。该方法缺点是不适合烟气成分复杂的电厂，且酸碱滴定时，测量值误差较大，电厂一般不采用此法。

反应式如下：

$$SO_3 + H_2O = H_2SO_4$$

$$SO_2 + I_2 + 2H_2O = H_2SO_4 + 2HI$$

$$2NaOH + H_2SO_4 = Na_2SO_4 + 2H_2O$$

$$HI + NaOH = NaI + H_2O$$

棉塞法取样装置示意图如图 7-5 所示。

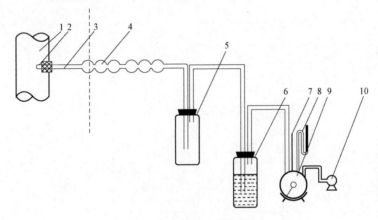

图 7-5　棉塞法取样装置示意图

1—烟道；2—采样管；3—螺旋夹；4—棉花塞六连球滤管；5—分离瓶；6—洗涤瓶；
7—温度计；8—压力计；9—湿式气体流量计真空泵；10—真空泵

三、光学法

光学法原理为 SO_3 与其他气体吸收不同波长的光。使用红外线，穿过烟气采样气体室，使用红外探测器测量透射光谱得到烟气组分的红外吸收光谱吸收信号，SO_3 的光谱吸收带在 145～160nm 之间。对 SO_3 特征吸收光谱与参考光谱进行最小二乘拟合，参考光谱为相同条件下对已知浓度的标准浓度气体测量所得到的光谱，通过电脑计算光谱的定量分析结果，计算 SO_3 浓度，实际测量中由于烟气中 SO_2 含量远大于 SO_3 含量，且 H_2O 的光谱与 SO_3 也有很大一部分重叠，干扰测量结果，所以对烟气中 SO_3 的浓度测量误差大，需采用特殊光源，提高测量精确度。

第六节　离线测试实例及在线测试的介绍

一、离线测试

国内电力行业对于 SO_3 的离线测试目前仅停留在现场组装采样仪器进行手工采样的

方式之上。单次分析单次采样，采用国标规定的方法，对 SO_3 浓度进行测试。并且国家也没有相关规定对烟气中 SO_3 浓度进行要求，测试均为调研性试验，所以市场上没有成套的专门用于火电厂烟气 SO_3 浓度测试的仪器。

二、测试实例

1. 某电厂尘硫比测试

某电厂在 2016 年初进行除尘器大修后，为计算大修后尘硫比，使用冷凝控制法测试了除尘器入口的 SO_3 浓度。

某电厂机组满负荷运行时，烟气参数见表 7-4。

表 7-4　　　　　　　　某厂脱硝设计基准参数（机组额定负荷 600MW）

项目	内容	单位	数据		备注
			设计煤质	校核煤质	
ECO 出口烟风参数	O_2	%	3.50	3.47	湿基
	CO_2	%	13.85	13.76	湿基
	湿度	%	9.24	10.08	湿基
	N_2	%	73.40	72.69	湿基
	湿烟气量	m^3/h（标况）	2015712	1983329	湿基
	干烟气量 &6%O_2	m^3/h（标况）	2090384	2037780	干基
	烟气温度	℃	303~352		180~600MW 负荷
	静压	Pa	—1000		
污染物	基准 NO_x 排放浓度	mg/m^3（标况）	711		
	SO_2 6%O_2，干基	μL/L	1326		含硫量 1.2%
	SO_3 6%O_2，干基	μL/L	11		
	飞灰浓度	g/m^3（标况）	36.9		

该厂催化剂的使用方式为 2+1（两用一备），SO_2 向 SO_3 的转化率应小于 1%（在设计寿命内）。

电厂即将进行技术改造，需要知道烟气中的 SO_3 浓度，以便改造中针对此值进行相应的设计。试验时根据国家标准，确定使用冷凝控制法为测试方法，同时制定了试验方案。先预测烟气流速和流量，选择合适的采样位置；调节水浴温度为 60~65℃ 之间；等速抽取烟气；采样完成后，用去离子水冲洗蛇形管和过滤器，将洗液混合后定容于容量瓶中。后对样品使用重量法进行分析所得结果见表 7-5。

表 7-5　　　　　　　　　　　　冷凝控制法取样实际测试结果

项目	单位	A1 通道		A2 通道		B1 通道		B2 通道	
		样本 1	样本 2	样本 1	样本 2	样本 1	样本 2	样本 1	样本 2
机组负荷	MW	550	550	550	550	550	550	550	550
烟尘温度	℃	112	112	111	111	125	125	128	128
工况烟气流量	m³/h	469515	463360	473951	487483	546185	545726	506762	513916
标干烟气流量	mg/m³（标况）	844543	832400	846049	870509	1016988	1015065	949534	963277
除尘器入口烟尘 SO₃ 浓度	mg/m³（标况）	25.5	23.1	12.7	11.8	14.5	20.0	11.6	13.8
平均值	mg/m³（标况）	23.9		12.2		17.3		12.7	

2. 某厂 SO₃ 测试

某电厂目前总装机容量为 4×330MW 火电燃煤机组，2014 年 7 月以前全部完成烟气脱硝改造，烟气脱硝选用"低氮燃烧技术改造＋选择性催化还原法（SCR）烟气脱硝装置、尿素作为还原剂"技术路线；2015 年脱硝提效改造，4 号机组原催化剂模块单元增加 0.5 层催化剂装填量。

4 号机组除尘方式采用高效静电除尘器。四台机组脱硫系统均采用石灰石-石膏湿法脱硫工艺，按照"一炉一塔"的配置。脱硫系统自 2007 年投运以来综合脱硫效率稳定控制在 90％以上，二氧化硫排放浓度稳定控制在 200mg/m³（标况）以下；2015 年 5月份，实施硫吸收塔增容改造。3、4 号机组脱硫吸收塔增容改造工程主要拆除吸收系统除雾器，在吸收塔内增设高效旋流耦合器和高效管式除尘器等，通过改造实现烟囱出口 SO₂ 放浓度控制在 35mg/m³（标况）以下，烟尘排放浓度稳定控制在 30mg/m³（标况）以下。

安装燃煤机组锅炉 SCR 烟气脱硝装置，首先要了解、测试锅炉烟气中的原始 SO₃浓度，并在运行 SCR 脱硝装置时，控制脱硝反应器 SO₂ 的进一步氧化率。

湿法脱硫工艺对三氧化硫有一定的脱除率，但对造成烟气腐蚀的主要成分三氧化硫在 45～85℃时，烟气极易在烟囱的内壁结雾形成腐蚀性很强的酸液，对烟囱结构腐蚀。故电厂进行了本次测试试验。

试验采用冷凝控制法，每个样品采样体积为 200L。采样过程如下：

（1）测量原烟气温度和氧量。

（2）加热水浴锅温度至 80～90℃，连通玻璃蛇形吸收管进行水浴加热。

（3）加热采样枪至 150℃，设置一定流量，起动烟尘采样仪，抽取烟气经过玻璃蛇形吸收管，烟气中的被冷凝在 SO₃ 蛇形管内壁，连续采样 1h 左右时间，记录采样体积。

（4）采样结束后，用实验室配好的异丙醇洗液洗涤玻璃蛇形吸收管，将最终洗液定容到容量瓶中。

（5）将盛有洗液的容量瓶带回实验室进行测试分析 SO_3 和计算含量。

所得试验结果见表 7 - 6。

表 7 - 6　　　　　　　　　　　冷凝控制法取样实际测试结果

锅炉负荷	测点位置	抽样体积（L）	SO_3 浓度 [mg/m^3（标况）]
300MW	脱硝入口 A 侧	200	16.67
	脱硝入口 B 侧		15.48
	脱硝出口 A 侧		24.74
	脱硝出口 B 侧		23.29
	烟囱入口		4.38

三、在线测试

SO_3 虽然危害众多，属于大气污染物，但我国并未将其列入日常监测范围，所以 SO_3 在线表计在国内电厂基本无人投用。但在国际市场当中存在用于实时监测 SO_3 浓度的在线表计。

德国的 Tisch 公司研制出 SO_3 可连续在线监测烟气中。该仪器根据文献研发而成，该法检测原理与异丙醇法相似，该法向过滤室后的加热烟气中喷入异丙醇，用以吸收烟气中的 SO_3，并使烟气冷却，这个过程的目的是使 SO_3 与烟气中的 SO_2 分离，此后利用气液分离器实现液体和气体的分离，最终使 SO_4^{2-} 与烟气分离，之后的液体进入反应装置，由于溶液中硫酸根离子全部来自于 SO_3 气体或者硫酸液滴，所以硫酸根离子浓度等于烟气中 SO_3 的浓度，而硫酸根离子可以与氯冉酸钡发生反应，生成紫色的氯冉酸离子，氯冉酸离子浓度与硫酸根离子浓度等同，即与三氧化硫的浓度等同。氯冉酸离子能够吸收波长为 535 的光波，可通过光学法测定氯冉酸离子相同，从而得出采样烟气中三氧化硫的浓度，该仪器的测量范围为 $1 \sim 200\mu L/L$。有报道称该仪器测量结果测量偏差不大，比控制冷凝法测量结果小 20%。具有一定的可信度，但是需要熟练的操作才能实现较为精确的测量。

PENTOL SO_3 采用分光光度计比浊法测量，符合各项测量标准和规范。

SO_3 或 H_2SO_4 气体样品被丙二醇的水溶液吸收为硫酸根离子（SO_4^{2-}），将该溶液通过氯冉酸钡的床。通过连续流动的分光光度计测量氯冉酸离子产生的酸。

通过保持气体流速和丙二醇吸收溶液的流速在一个特定的值，氯冉酸离子浓度直接和硫酸盐离子浓度相关，因此可以测量 SO_3 的浓度。

PENTOL SO_3 分析仪如图 7 - 6 和图 7 - 7 所示。

PENTOL SO_3 分析仪技术参数见表 7 - 7。

图 7 - 6　PENTOL SO₃分析仪主机　　　　图 7 - 7　PENTOL SO₃分析仪取样探头

表 7 - 7　　　　　　　　　　　　　PENTOL SO₃分析仪参数

测量范围	$1\sim200\mu L/L$
精度	读出值±5%（在校准范围内）
延迟时间	约 60s
响应时间	约 120s
溶液消耗	$0.25\sim2cm^3/h$（可根据需要调整）
环境温度	$0\sim40℃$
模块尺寸	分析模块 19 单元，高 6U，深 500mm（27kg）
	控制模块 19 单元，高 4U，深 500mm（13kg）
电力功耗	230V 50/60Hz 或 110V 50/60Hz，350W
探针长度	1、1.2、1.5、2m
信号输出	4V，20mA RS - 232 记录仪输出到电脑连接口

四、超低排放改造后对测试仪器的影响

虽然目前我国对 SO₃排放的监测仍处于空白状态，所以各项测试仪器并未跟上。但随着全国火电厂超低排放改造的推进，随着 SCR 系统的不断投运和催化剂的加层改造的深入，SO₃所引发的火电厂运行问题、污染排放问题必将日益深化。随之而来的 SO₃排放控制和浓度检测必将是未来火电厂烟气监测的发展方向。超低排放改造并未对 SO₃测试仪器造成影响，而是会推动该型仪器的更新与发展。改革推动了新行业的产生与进步。

第八章

NH₃ 测 试 技 术

目前工业中的氮氧化物（NO_x）排放严重污染大气环境并造成酸雨污染，通过设置在燃烧器后的脱硝装置处理后通过烟囱排入到大气中。现有脱硝装置绝大多数为选择性催化还原法（SCR），采用 NH_3 作为还原剂。在运行中根据合理氨氮比控制 NH_3 的用量，烟气脱硝装置出口烟气中的 NH_3 称为氨逃逸，烟气中的 NH_3 与烟气中其他具有酸性的气体发生反应，生成的铵盐常为黏稠状，会堵塞、腐蚀下游设备，为此这部分 NH_3 需使用合适装置进行测量。烟气脱硝装置是重要的环保设备之一。可是，在近年来逐渐增加的燃煤烟气的脱硝装置中，由于煤炭的种类、产地的不同，其含硫量、含灰量及金属成分组成也会发生变化，因此造成燃料缺乏均一性，从而容易导致 NH_3 注入量控制困难、脱硝效率下降。

用于 SCR 系统的 NH_3 会在系统下游的不同温度处与 SO_2、SO_3、NO、NO_2 等酸性烟气组分反应在下游的烟气设备的表面产生复杂的氨盐化合物。作为空气预热器的附着物，生成硫酸氢氨、硫酸铝氨盐等化合物。

SCR 系统下游 NH_3 在各个位置的反应示意图如图 8-1 所示。

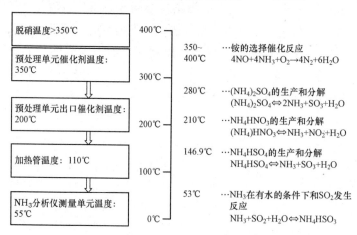

图 8-1　SCR 系统下游 NH_3 在各个位置的反应示意图

在一般运行过程中，脱硝出口的氨逃逸量控制的经验值为 $3\mu L/L$ 以下。准确便捷的 NH₃ 测试技术在电厂实际运行当中是十分必要的。

第一节　标准中关于 NH₃ 测试技术的要求

一、国内标准中关于 NH₃ 排放标准的要求

NH₃ 作为一种无色具有强烈刺激性气味的气体，且与空气混合，我国将其列入恶臭污染物将其管理，NH₃ 的排放限值由 GB 14554—1993《恶臭污染物排放标准》规定。其中规定了 NH₃ 的一次最大排放限值、复合恶臭污染物质的臭气浓度限值及无组织排放源的厂界浓度限值。

GB 14554—1993《恶臭污染物排放标准》将 NH₃ 厂界标准值分为三级。排放人 GB 3095—2012《环境空气质量标准》中一类区中的执行一级标准；排放入 GB 3095—2012 中二类区的执行二级标准；排放入 GB 3095—2012 中三类区的执行三级标准。在执行 GB 3095—2012《环境空气质量标准》已将二类区三类区合并入二类区域。

GB 14554—1993《恶臭污染物排放标准》规定了 NH₃ 无组织排放源的厂界浓度限值一级为 $1.0mg/m^3$；二级新建扩建项目为 $1.5mg/m^3$；现有项目为 $2.0mg/m^3$；三级新建扩建项目为 $4.0mg/m^3$；现有项目为 $5.0mg/m^3$。

GB 14554—1993《恶臭污染物排放标准》中对 NH₃ 的排放标准值是根据排气筒高度不同而规定的，NH₃ 排放标准值如表 8-1 所示。

表 8-1　　　　　　　　　　　　　　NH₃ 排放标准值

排气筒高度（m）	15	20	25	30	35	40	60
排放量（kg/h）	4.9	8.7	14	20	27	35	75

同时标准中规定了 NH₃ 的有组织排放源的测方法与无组织排放源的监测方法，同时规定 NH₃ 的测定方法应按照 HJ 534—2009《环境空气　氨的测定　次氯酸钠-水杨酸分光光度法》进行测定。

二、国内标准中关于 NH₃ 测试技术的要求

在国标和行业标准中规定有很多种 NH₃ 的测定方法，适用于不同环境与不同状态的 NH₃ 测定。

HJ 534—2009《环境空气 氨的测定 次氯酸钠-水杨酸分光光度法》为测定环境空气中 NH₃ 的方法。在电力行业中 DL/T 260—2012《燃煤电厂烟气脱硝装置性能验收试验规范》中规定此法为氨逃逸浓度测定的标准方法。

HJ 533—2009《环境空气 氨的测定 纳氏试剂分光光度法》，适用于环境空气中氨的测定，也适用于制药、化工、炼焦等行业废气中的氨的测定。

GB/T 14669—1993《空气质量 氨的测定 离子选择电极法》适用于测定空气和工业废气中的氨。

以上三个标准所使用的 NH₃ 测定方法均被列入了 GB/T 18204.2—2014《公共场所卫生检验方法 第 2 部分：化学污染物》作为公共场所室内空气中 NH₃ 的测定方法。

关于 NH_3 浓度测定的仪器标准，中华人民共和国国家计量检定规程 JJG 631—2013 《氨氮自动监测仪》规定了基于电极法和光度法的在线氨氮自动监测仪的首次检定、后续检定和使用中检查的规程。

第二节 激光原位法

激光原位法运用可调谐激光吸收光谱技术（tunable diode laser spectroscopy，TDLAS）。大多数气体只吸收特定波长的光，NH_3 在近红外波段 1450～1550nm 波长范围内，有着吸收幅度强、光带线宽窄等特点，激光二极管在电流调谐下可以得到的窄线宽激光，用来覆盖整条吸收谱线。可调谐激光吸收光谱技术作为一种成熟的红外光谱测量方法，该方法利用半导体激光器输出的可调谐波长的激光随电流和温度变化的，该激光重复缓慢的扫描过样气的每个吸收峰，同时用高频调制信号控制激光器，对探测器得到的检测信号进行解调，用高频信号对低频噪声加以抑制，得到有较高信噪比的 n 谐波信号，从而计算气体浓度。

一、方法

1. 直接吸收测量

TDLAS 直接吸收测量系统原理如图 8-2 所示，通过驱动器控制半导体激光器发射一段波长连续的激光，连续扫描气体，根据朗伯-比尔定律，测量激光的入射光和出射光强、压强、温度以及吸收光程计算被测物浓度。

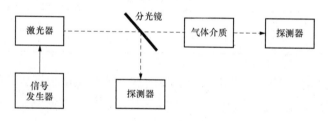

图 8-2　TDLAS 的直接吸收测量系统原理

2. 波长调制谱测量

在直接吸收光谱技术的基础上发展的波长调制光谱测量技术（WMS）可以抑制直接吸收测量法中各种激光器、探测器和电子学噪声，降低了低频噪声对检测精度的影响。在直接吸收测量的波形基础上叠加一高频（一般几十千赫兹）正弦信号，这样激光周期性地扫描过气体的吸收线，同时调制吸收中心波长，然后对经气体吸收后的调制光进行相敏检测，从而得到有较高信噪比的谐波信号。

如图 8-3 所示波长调制光谱原理，信号发生器给激光器发送频率为 f 的信号，同时向锁相放大器发送频率为 nf 参考信号，然后激光器输出的调制光经气体吸收后用探测器吸收调制成电信号，信号由前置信号处理输出到锁相放大器，这样锁相放大器输出了波长调制光谱 n 次谐波信号。理论上，各次谐波信号都可用来反演气体浓度，实际应用中常用二次谐波信号进行测量。

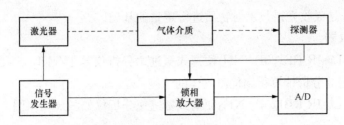

图 8-3 典型的波长调制光谱原理图

二、原理

1. 光谱测量的基本理论

光谱技术是研究自然科学的一种重要手段，它包含了发射光谱技术、吸收光谱技术和拉曼光谱技术。其中吸收光谱技术作为气体的组分的定性定量分析的优良手段在烟气分析中广泛应用。这种方法的基本原理是发射连续波长的激光在穿透样品气体时该连续光谱特定波长的光会产生吸收峰。对该光束进行光谱拓展可以得到该样品的吸收光谱，吸收光谱可以对应不同的物质。在红外光谱范围内，样品吸收红外光形成红外光谱，红外光谱的吸收带位置可以反映样品的组分，而吸收强度可以反映该物质在样品中的含量。

分析吸收光谱的吸收带位置，是一种物质定性分析的主要方法。

2. 朗伯 - 比尔定律

根据得到的吸收光谱中一特定波长的吸收强度来确定样品种某一种组分的含量的理论基础是朗伯 - 比尔定律。

朗伯 - 比尔定律表达式如下：

$$I(v) = I_0(v)\exp[-\sigma(v)cL] = I_0(v)\exp[-\alpha(v)]$$

物质对某一波长光的吸收量与样品的浓度和吸收光程有关，同时与谱线吸收强度有关。$I_0(v)$ 和 $I(v)$ 分别为频率相关的入射光束强度和透射光束强度；c 为被测气体浓度（mol/cm^{-3}）；$\sigma(v)$ 为吸收截面；$\alpha(v)$ 为吸光度；I/I_0 为透过率。

根据定律，将 $\alpha(v)$ 表示为以 e 为底的对数函数，其式为

$$\alpha(v) = \sigma(v)cL = S\chi(v)cpL = In\frac{I_0(v)}{I(v)}$$

式中　S——积分吸收线强（与温度有关），cm^{-2}/Pa；

$\chi(v)$——频率 v 的吸收线性函数（与温度、总压力、物质含量有关），cm；

p——气体压力，Pa。

$\chi(v)$ 是一个归一化函数，表达式为

$$\int_0^\infty \chi(v)dv = 1$$

样品的吸收光谱一般较弱，当 $\alpha(v) \ll 1$ 的时候，$\exp[-\alpha(v)] \approx 1-\alpha(v)$，这样吸光度近似等于光强的相对变化量，如下式所示。

$$\frac{\Delta I(v)}{I_0(v)} = \frac{I_0(v)-I(v)}{I_0(v)} = 1-\frac{I(v)}{I_0(v)} = 1-[1-\alpha(v)] = \alpha(v)$$

朗伯-比尔定律是吸收光谱技术对物质进行定量的基础。

三、试验仪器

Unisearch LasIR RB120P-NH₃便携式氨逃逸分析仪基于 TDLAS 技术的核心通过对扫描吸收光谱的分析计算得到检测气体的浓度。

Unisearch LasIR RB120P-NH₃便携式氨逃逸分析仪如图 8-4～图 8-7 所示。

图 8-4　Unisearch LasIR RB120P-NH₃　　图 8-5　Unisearch DP150-NH₃　　图 8-6　抽取泵
便携式氨逃逸分析仪主机　　　　　　光学检测探杆

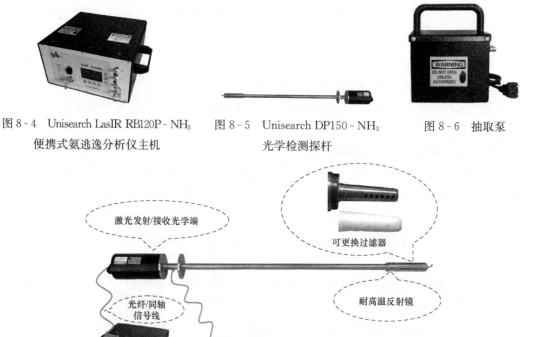

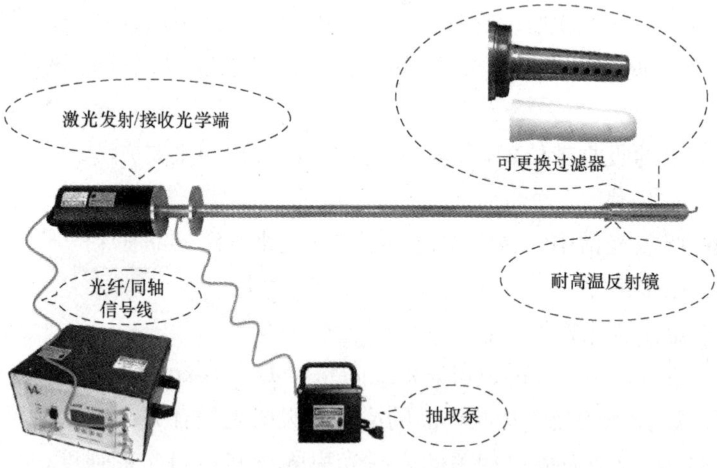

图 8-7　Unisearch LasIR RB120P-NH₃便携式氨逃逸分析仪组装示意图

Unisearch LasIR RB120P-NH₃便携式氨逃逸分析仪主要性能参数见表 8-2。

表 8-2　　　　Unisearch LasIR RB120P-NH₃便携式氨逃逸分析仪主要性能参数

分析仪	
型号	RB120P-NH₃
量程	$0\sim10\mu L/L$，$0\sim20\mu L/L$ 或 $0\sim700\mu L/L$ 内任意设定
检测下限	$0.5\mu L/L$（配合 DP150P-NH₃ 探杆）
相应时间	最快 1s
校正	出厂设定，无需用户定期校正
系统漂移	无漂移
内置数据存储容量	4G，能够存储 2 年连续数据
操作软件	LasIRView2014

分析仪	
模拟量输出	隔离输出 4～20mA 或 0～20mA
模拟量输入	4～20mA（温度、压力输入补偿）
数字通信接口	以太网、RS-232
继电器输出	6 路输出
电源要求	100～240V AC，100W
使用环境要求	−10～50℃，800～1200mbar，0～95％RH
分析仪尺寸、重量	28cm×15cm×28cm（宽×高×深），4kg 带提手
光学检测探杆	
型号	DP150-NH3
内部包括的主要部件	反射式光学发射/接收端，含检测器
	耐高温反射镜
	隔离光学窗口
	过滤器
有效光程	3m（一次反射）
探杆材质	316SS
探杆总长度	180cm
探杆总重量	9kg
过滤器	可更换一次性过滤器
探杆插入烟道部分最大处直径	65mm
烟道开孔内径要求	不小于 70mm
烟气温度要求	不超过 450℃
抽取泵	
最大采样流量	4～5L/min
最大真空度	500mbar
重量	0.5kg

注　1bar＝$1×10^5$Pa。

四、仪器优缺点

Unisearch LasIR RB120P-NH₃ 便携式氨逃逸分析仪优点介绍如下。

（1）Unisearch LasIR RB120P-NH₃ 便携式氨逃逸分析仪高灵敏度、低检测限。

（2）运用折返式双光程设计，很大限度的在保证体积小的情况下加大了光路的长度，将测量精度进一步提升，同时仅对 NH₃ 进行测量，保证了仪器的高选择性、分辨率高。

（3）采用内置标准氨气参比模块，实时锁住氨气吸收谱线，系统处于实时校正状态，无需用户定期用标准气体校正仪器。

（4）检测时，整根探杆插入烟道，内部光学检测池温度和烟气温度一致，没有氨气

ABS 结晶以及冷凝损耗问题。

Unisearch LasIR RB120P - NH₃ 便携式氨逃逸分析仪缺点介绍如下。

图 8 - 8　探针在低温环境中
使用而导致内部结冰

（1）仪器的光学组件在每一次的使用前都需要手动光学校准，作为便携式仪器使用繁琐。

（2）烟气探针直径过大，在面对老旧电厂时，脱硝出入口测点并不能够完全满足不小于 70cm 的要求，造成探针无法放入测孔。

（3）采样管路设计并非全程加热，采样枪上未设置伴热功能。若测点过长，烟气中的水汽在探针中凝结变成雾状，使测量结果不准确或无法测量。

（4）设备在寒冷地区，部件自热能力不足，容易导致烟气中的水分凝结在仪器中，导致仪器无法测量。

实际寒冷地区现场情况如图 8 - 8 ～ 图 8 - 10 所示。

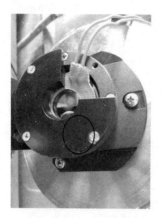

图 8 - 9　光学窗口伴热能力不足镜片起雾

图 8 - 10　抽气管结冰

第三节　化 学 发 光 法

化学发光法为测定烟气中 NO 浓度的技术。通过测量烟气处理前后 NO 的浓度，间接计算烟气中 NH₃ 浓度。此方法将样气进行前处理后使用一台或者两台分析仪来测量 NH₃ 浓度。

一、方法

采用间接催化剂 - 化学发光法测量微量 NH₃ 是在样品探头上设置催化剂通道及非催化剂通道，催化剂通道的反应器将样品中的 NH₃ 定量氧化或还原，再通过化学发光法 NO$_x$ 分析仪测定两个通道的 NO$_x$ 浓度差值，即可计算出浓度值。

二、原理

该方法源自 NO$_x$ 浓度测试技术，在取样气路上加装相应催化装置将烟气中的 NH₃

进行处理，处理方法分为氧化法和还原法两种途径，但一般在样气中的 NO_x 浓度大于 NH_3 浓度时使用还原法。用于测量烟气中的 NH_3 时，两种方法均有使用。

1. NH_3 催化氧化为 NO_x

$$4NH_3+5O_2 \Longrightarrow 4NO+6H_2O$$

2. NH_3 催化还原为 N_2

$$4NO+4NH_3+O_2 \Longrightarrow 4N_2+6H_2O$$

3. 化学发光法测定 NO_x 浓度

化学发光是物质在化学反应过程中，其物质分子吸收化学能产生光的辐射现象，一氧化氮在反应室内与来自臭氧发生器的 O_3 气体发生反应，转化为激发态的 NO_2^*。当激发态的 NO_2^* 跃迁到基态时发射出光子，光信号由光电倍增管按特定波长检测接收。再经微电流放大器放大、计算机数据处理，即可转换为与光强度成正比的电信号。在一定的条件下，反应中的化学发光强度与一氧化氮的生成量成正比，而一氧化氮的量又与样品中的总氮含量成正比，故可以通过测定化学发光的强度来测定样品中的总氮含量。

三、试验仪器

1. HORIBA APNA‑370/CU‑2

HORIBA APNA‑370/CU‑2 大气氨监测仪主要性能参数见表 8‑3。

表 8‑3　　　　HORIBA APNA‑370/CU‑2 大气氨监测仪主要性能参数

测量原理	交替流动调制型减压化学发光法（CLD）
测量项目	空气中的 NH_3
量程	标准量程：0～0.1/0.2/0.5/1.0μL/L；量程可自动选择或手动选择，可以远程切换
	可选量程：可在 0～10μL/L 范围内选择 4 段量程（量程比在 10 以内）；量程可自动选择或手动选择，可以远程切换
检测下限	0.5nL/L（2σ）（量程≤0.2ppm）
	1.0%FS（2σ）（量程＞0.2ppm）
重现性	±1.0% FS
线性	±1.0% FS
零点漂移	±1.0nL/L/d 或±1.0%FS/d（以二者中较大值为准）
	±2.0nL/L/d 或±2.0%FS/d（以二者中较大值为准）
量程漂移	±1.0%FS/d
	±2.0%FS/周
响应时间（T90）	120s 以内（最小量程）
样气流量	约 0.8L/min
指示信息	检测值、量程、报警、维护屏幕
报警信息	在 AIC 期间，可显示零点校正错误、量程校准错误和脱氧器的温度错误等
语言选择	英语、德语、法语和日语

测量原理	交替流动调制型减压化学发光法（CLD）
输入/输出	0～1V/0～10V/4～20mA（需指定）（两种检测值输出选择：①瞬时值和累积值；②动态平均值）
	接点输入/输出
	RS-232C
环境温度	5～40℃
电源	100/110/115/120/220/230/240V AC，50/60Hz（需指定）
重量	约21kg

图 8-11　HORIBA APNA-370/CU-2
设备图

HORIBA APNA-370/CU-2设备图如图 8-11所示。

HORIBA APNA-370/CU-2采用了双向交替流动调制型化学发光测量原理和相关计算法的组合，这种完美的设计也确保了极好的稳定性和极高的灵敏度。

交替流动调制方式原理如图 8-12 所示。

2. HORIBA ENDA-C2000

HORIBA ENDA-C2000 中 NH_3 分析系统主要性能参数见表 8-4。

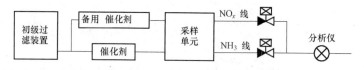

图 8-12　交替流动调制方式原理图

表 8-4　　　HORIBA ENDA-C2000 中 NH_3 分析系统主要性能参数

检测成分和量程	NH_3	（标准量程）20～100μL/L
		（可选项量程）10～20μL/L 以下
		（量程比）10 倍以内
	NO_x	（标准量程）20～100μL/L
		（可选项量程）10～20μL/L 以下
		（量程比）10 倍以内
	O_2	（标准量程）5%～25%
		（量程比）5 倍以内
		（量程数各成分最大 3 量程）
再现性		±0.5%FS、如果包括可选项量程时，±1.0%FS（周围温度、-5～40℃的情形）
响应速度		装置入口：T90（达到最终读数 90%处的时间）、90s 以下
		校正气体入口：T90（达到最终读数 90%处的时间）、70s 以下

HORIBA ENDA‑C2000 设备图如图 8‑13 所示。

可以用于脱硝装置氨逃逸浓度的连续检测。可监测脱硝催化剂的寿命、限制 NH_3 的注入量、防止硫酸铵结晶物的生成等，在设备的监测、控制方面可以发挥出威力。

HORIBA ENDA‑C2000 中 NH_3 分析系统应用的优点介绍如下：

（1）体积小巧，集中了所有必需的元部件，包括参比气体发生器、臭氧发生器源气干燥单元、臭氧分解单元和取样泵等，不需要任何辅助气体。

（2）抗干扰能力强，通道多，比对测量，灵敏度高。

HORIBA ENDA‑C2000 中 NH_3 分析系统应用的缺点介绍如下：

图 8‑13　HORIBA ENDA‑C2000 设备图

（1）由于需要机器内部进行催化反应对设备内部采样要求高，烟气流速过大会导致测量结果偏移。

（2）要对设备内部进行安装较大的加热元件且要将温度提升到催化反应的反应温度（一般为 350℃ 以上），设备温度高，使用养护困难。

第四节　傅里叶变换红外法

傅里叶变换红外光谱（FT‑IR）是一种多组分分析技术，采用抽取式加热湿烟气直接分析的方法，不仅可以测量 NH_3，同时还能测试 CO、SO_2、NO、NO_2、HCl、HF 等气态污染物。FT‑IR 由高温取样、样品处理、傅里叶变换红外光谱仪和数据采集处理系统等部分组成。

一、方法

由光源发出红外光，用透镜组合压缩红外光的视场角后由镀银反射镜改变方向，让红外光与接收望远镜的光轴同轴，然后在面阵角反射器表面发生反射后由原光路返回到达接收望远镜并进入光谱仪的干涉腔内。干涉图传送到上位机，并进行傅里叶变换、校准谱计算、最小二乘浓度反演和数据保存及显示。需要注意的是，吸收光谱是假设气溶胶散射在测量波段对光学厚度的贡献以及探测器响应相对分子的振转光谱结构是一直缓慢地随频率变化的，在此基础之上将测量到的光谱强度进行低通滤波和归一化处理后得到背景光谱；然后对单光谱计算得到吸光度；最后进行光谱的计算和最小二乘计算得到浓度值，使用残差中的主要信息误差和仪器噪声。

二、原理

FT‑IR 使用分光光束照射得到干涉信号，通过数学中傅里叶变换，将时域干涉图到转换为频域光谱，FT‑IR 的基本原理结构如图 8‑14 所示。使用开放光程 FT‑IR 进行大气吸收光谱的测量是进行气体定量分析的基础。

傅里叶变换红外（FT - IR）仪器原理如图 8 - 14 所示。

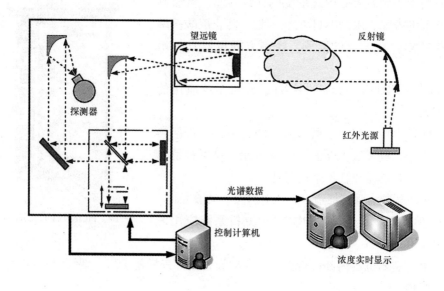

图 8 - 14　FT - IR 基本原理结构图

三、试验仪器

便携式傅里叶变换红外气体分析仪中 NH_3 分析系统主要性能参数见表 8 - 5。

表 8 - 5　便携式傅里叶变换红外气体分析仪烟气中 NH_3 分析系统主要性能参数

仪器名称	便携式傅里叶变换红外气体分析仪
生产厂名	芬兰 GASMET
规格（型号）	DX4000
测试气体类型	NH_3
干涉仪	分辨率：$8cm^{-1}$
	扫描速度：10 次/s
检测器	Peltier 制冷 MCT
红外光源	Sic，1550K
	分束器：ZnSe
	窗口：ZnSe
	波长范围：$900\sim4200cm^{-1}$
样气室	多次反射光程：5.0m
	材料：100% 黄金防护层
	防 HCL、CL_2 腐蚀的锈防护层
	反射镜：固定，黄金涂层
	体积：0.4L

仪器名称	便携式傅里叶变换红外气体分析仪
气路接口	Swagelok 6 mm or 1/4"
通信接口	RS‑232 D型9孔
采样	需外接采样系统
电源	220V AC 50Hz
图形工作站	Calcmet
	出厂标定光谱库 CalcmetLibrary
	光谱库搜索 LibrarySearch
	测量时间可选 1s~5min
	自动存储测量光谱图
	回放历史数据
便携式采样系统	全程加热、恒温控制、过滤采样系统
	流量：2~10L/min，两级过滤系统
	(5+1)m 长加热软管，加热温度：恒温 180℃
	零气校准阀
	1m 便携式加热探头

便携式傅里叶变换红外气体分析仪的图如图 4‑7 所示。

四、仪器优缺点

GASMET DX4000 NH₃分析系统优点介绍如下：

（1）设备具有集成度、准确度、分辨率高，通量大，频带宽等优势。

（2）开放式非接触的测量方式避免了传统采样方式所带来的干扰。

（3）无需对样品进行预处理，提供了一种实时、在线无人值守的监测手段。

（4）测量的是积分光程内的平均浓度信息，测量结果直接反映该区域的实际浓度水平。

GASMET DX4000 NH₃分析系统缺点介绍如下：

（1）设备精细，现场条件考验大。

（2）受水分含量影响大。

第五节　其他方法

一、次氯酸钠‑水杨酸分光光度法

该方法规定于 HJ 534—2009《环境空气　氨的测定　次氯酸钠‑水杨酸分光光度法》。主要原理是用稀硫酸与空气中的 NH₃反应生成硫酸铵。在亚硝基铁氰化钠存在下，铵离子和水杨酸、次氯酸钠反应生成蓝色化合物，用分光光度计在 697nm 波长处进行测定吸光度，吸光度与 NH₃含量成正比，根据吸光度计算 NH₃含量。该方法的检出限为 0.1μg/10mL；当样品吸收液总体积为 10mL，采样体积为 1~4L 时，检出限为

0.025mg/m³，测定下限为 0.10mg/m³，测定上限为 12mg/m³。当吸收液总体积为 10mL，采样体积为 25L 时，氨的检出限为 0.004mg/m³，测定下限为 0.016mg/m³。

二、纳氏试剂分光光度法

该方法规定于标准 HJ 533—2009《环境空气 氨的测定 纳氏试剂分光光度法》。主要原理是利用稀硫酸吸收空气中的氨，生成铵离子与纳氏试剂反应生成黄棕色络合物，该络合物吸光度与按的含量成正比，在 420nm 波长处测量吸光度，根据吸光度计算空气中的氨含量。该方法的检出限为 0.25μg/10mL 吸收液。当吸收液体积为 50mL，采气 10L 时，氨的检出限为 0.25mg/m³，测定下限为 1.0mg/m³，测定上限 20mg/m³。当吸收液体体积为 10mL，采气 45L 时，氨的检出限为 0.01mg/m³，测定下限为 0.04mg/m³，测定上限为 0.88mg/m³。

第六节 离线测试和在线测试数据的比对实例

一、某电厂 2×330MW 机组在 2016 年 3 月进行两台机组的喷氨优化调整试验

1. 工况介绍

某电厂 2×330MW 机组在 2016 年 3 月进行两台机组的喷氨优化调整试验，为进行试验，使用了 GASMAT DX4000 进行了出口氨逃逸测试。该厂基本数据介绍如下。

锅炉为东方电气集团东方锅炉股份有限公司生产，锅炉为亚临界参数变压运行螺旋管圈直流炉、单炉膛、一次中间再热、采用切圆或前后墙对冲燃烧方式、平衡通风、紧身封闭、固态排渣、全钢悬吊结构 Ⅱ 型锅炉。锅炉主要参数见表 8-6。

表 8-6 锅 炉 主 要 参 数 表

名称		单位	数值
过热蒸汽：（以汽机厂提供最终热平衡图为准）	最大连续蒸发量（BMCR）	t/h	1186
	额定蒸发量	t/h	1130
	额定蒸汽压力	MPa（绝对压力）	17.5
	额定蒸汽温度	℃	540
再热蒸汽：（以汽机厂提供最终热平衡图为准）	蒸汽流量（BMCR/BRL）	t/h	963/914
	进口/出口蒸汽压力（BMCR）	MPa（绝对压力）	3.785/3.585
	进口/出口蒸汽压力（BRL）	MPa（绝对压力）	3.589/3.399
	进口/出口蒸汽温度（BMCR）	℃	323/540
	进口/出口蒸汽温度（BRL）	℃	317/540
	给水温度（BMCR/BRL）	℃	279/275

该工程锅炉脱硝煤质分析数据见表 8-7。

表 8-7   锅炉脱硝煤质分析数据

名称	符号	单位	设计煤种	校核煤种
应用基碳	C_{ar}	%	47.02	46.09
应用基氢	H_{ar}	%	2.98	2.95
应用基氧	C_{ar}	%	5.69	6.16
应用基氮	N_{ar}	%	0.75	0.73
应用基硫	S_{ar}	%	1.95	1.69
应用基灰分	A_{ar}	%	32.51	28.28
应用基硫	S_{ar}	%	1.95	1.69
应用基灰分	A_{ar}	%	32.51	28.28
应用基水分	M_t	%	9.1	14.10
空气干燥基水分	M_{ad}	%	0.95	1.63
可燃基挥发分	V_{daf}	%		
低位发热量	$Q_{net,ar}$	kJ/kg	18450	17850
哈氏可磨系数	HGI			

脱硝系统参数：

（1）脱硝工艺采用选择性催化还原法（SCR）烟气脱硝工艺。

（2）在满足设计煤种和校核煤种要求，催化剂层数按 2+1 模式布置，初装 2 层预留 1 层，在设计工况、处理 100％烟气量、在布置 2 层催化剂条件下每套脱硝装置脱硝效率均不小于 80％。

（3）脱硝系统不设置烟气旁路和省煤器高温旁路系统。

（4）脱硝反应器布置在锅炉省煤器和空预器之间。

（5）还原剂为纯氨。

（6）脱硝设备年利用小时按 7500h 考虑，年运行小时数不小于 8000h。

（7）脱硝装置可用率不小于 98％。

（8）装置服务寿命为 30 年。

2. 离线测试

某厂 2×330MW 机组 2 号锅炉离线测试数据见表 8-8 和表 8-9。

表 8-8   A 侧出口 NH₃浓度   μL/L

项目	位置 1	位置 2	位置 3	位置 4	平均
测孔 1	1.66	1.77	1.86	1.88	1.79
测孔 2	1.67	1.76	1.72	1.86	1.75
测孔 3	1.95	1.75	1.86	1.92	1.87
测孔 4	1.71	1.77	1.82	1.70	1.75
测孔 5	1.67	1.67	1.88	2.06	1.82
测孔 6	1.76	1.75	1.93	1.87	1.83

续表

项目	位置1	位置2	位置3	位置4	平均
测孔7	1.73	1.81	1.81	1.77	1.78
测孔8	2.22	1.95	1.67	1.91	1.94
测孔9	2.26	2.22	2.16	1.93	2.14
测孔10	2.09	2.22	1.79	2.10	2.05
最大	2.26				
最小	1.66				
平均	1.87				
机组负荷	300MW				
时间	4月16日				

表 8-9　　　　　　　　　　　　B 侧出口 NH₃ 浓度　　　　　　　　　　　　μL/L

项目	位置1	位置2	位置3	位置4	平均
测孔1	1.50	1.51	1.56	1.53	1.52
测孔2	1.68	1.63	1.76	1.80	1.72
测孔3	1.77	1.76	1.63	1.55	1.68
测孔4	1.55	1.40	1.44	1.38	1.44
测孔5	1.84	1.84	1.79	1.72	1.80
测孔6	1.42	1.69	1.43	1.50	1.51
测孔7	1.86	1.74	1.75	1.85	1.80
测孔8	1.31	1.35	1.33	1.41	1.35
测孔9	1.60	1.62	1.39	1.49	1.52
测孔10	1.74	1.87	1.74	1.88	1.81
最大	1.88				
最小	1.31				
平均	1.61				
机组负荷	300MW				
时间	4月16日				

3. 在线表计基本参数

在线表计使用激光原位法的在线表计，型号为 SICK GM700，如图 8-15 所示。

图 8-15　SICK GM700 在线氨逃逸仪

4. 在线测试

某厂 2×330MW 机组 2 号锅炉在线测试数据见表 8‑10。

表 8‑10　　　　　　　　　某厂在线测试数据　　　　　　　μL/L

项目	SCR A 侧出口	SCR B 侧出口
测孔 1	2.03	1.67
测孔 2	1.57	1.77
测孔 3	2.56	1.46
测孔 4	1.64	2.12
测孔 5	2.77	2.16
测孔 6	0.66	1.03
测孔 7	1.73	1.81
测孔 8	1.16	1.08
测孔 9	1.56	1.65
测孔 10	1.61	1.19
最大	2.77	2.16
最小	0.66	1.03
平均	1.73	1.59
机组负荷	300MW	
时间	4 月 16 日	

5. 比对分析

在线表计采用激光原位法，布置在每侧烟道中央（该厂 SCR 尾部烟道出口宽度为 11m），点位单一不能代表整个烟道氨逃逸情况，且为测枪式激光原位法，光程短测量能力差数据波动剧烈。离线测试采用 GASMAT 傅里叶红外光谱仪并结合了拉网式烟道布点法测量，测量精准反映了整个烟道氨逃逸的全部状况。由此看来电厂自装的氨逃逸在线设备在氨逃逸监测方面力不从心，无法反应氨逃逸实际状况。

二、某电厂 2×200MW 机组在 2017 年初进行了 SCR 出口的氨逃逸测试

1. 工况介绍

某电厂 2×200MW 1 号机组在 2017 年初进行了 SCR 出口的氨逃逸测试，现场测试采用 Unisearch LasIR RB120P‑NH₃ 便携式氨逃逸分析仪在测点处测得该厂氨逃逸值。与在线设备相比该仪器测得氨逃逸值更贴近运行实际情况。机组主要设备及设计参数见表 8‑11。

表 8-11 某厂机组主要参数

设备名称	参数名称	单位	参　数
锅炉（MCR 工况）	类型		亚临界中间再热自然循环锅炉
	最大连续蒸发量	t/h	670
	燃煤量	t/h	127.8（设计煤种）/112.4（校核煤种1）/100.8（校核煤种2）
	过热器出口蒸汽压力	MPa（绝对压力）	14.1
	过热器出口蒸汽温度	℃	540
	空气预热器出口烟气量（湿烟气）	m³/h（标况）	858825（设计煤种）838230（校核煤种1）826445（校核煤种2）
	空气预热器出口烟气温度	℃	137（设计）；130（实测）/170（实测）
	空气预热器形式		三分仓、回转式

2. 离线测试

某厂离线测试数据见表 8-12，如图 8-16 和图 8-17 所示。

表 8-12 某厂 SCR 出口氨逃逸离线测试数据　　　　μL/L

项目	SCR A 侧出口	SCR B 侧出口
测孔 1	3.02	6.19
测孔 2	3.56	4.96
测孔 3	6.17	4.41
测孔 4	4.19	2.87
测孔 5	4.50	3.28
测孔 6	4.28	2.51
测孔 7	4.00	1.69
测孔 8	4.50	1.19
测孔 9	3.66	0.84
测孔 10	4.25	3.93
最大	6.17	6.19
最小	3.02	0.84
平均	4.213	3.187
机组负荷	160MW	
时间	1 月 19 日	

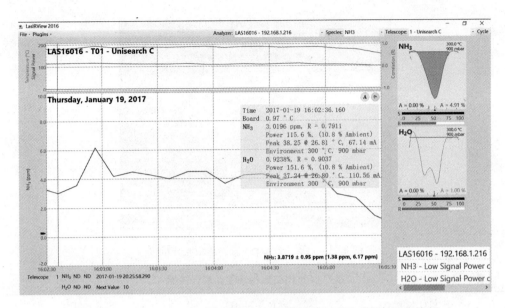

图 8‑16　Unisearch LasIR RB120P‑NH₃便携式氨逃逸分析仪测得该厂
SCR 出口 A 侧氨逃逸曲线

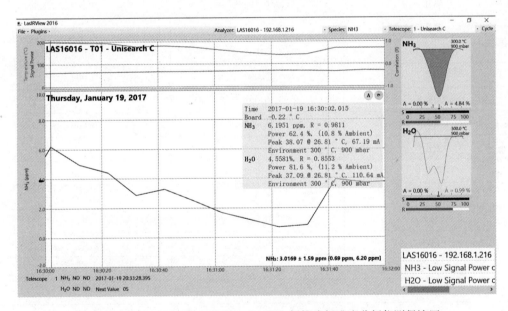

图 8‑17　Unisearch LasIR RB120P‑NH₃便携式氨逃逸分析仪测得该厂
SCR 出口 B 侧氨逃逸曲线

3. 在线表计基本参数

该厂采用西门子 LDS6 氨逃逸激光分析仪，安装在脱硝后尾部烟道一角，如图 8‑18
所示。

4. 在线测试

某厂测试在线表计测试数据见表 8‑13 和如图 8‑19 所示。

图 8-18　西门子 LDS6 氨逃逸激光分析仪

表 8-13　　　　　　　　　　某厂 SCR 出口氨逃逸在线表计数据　　　　　　　　　　μL/L

项目	SCR A 侧出口	SCR B 侧出口
测孔 1	0.002	0.009
测孔 2	0.002	0.009
测孔 3	0.002	0.009
测孔 4	0.002	0.009
测孔 5	0.002	0.009
测孔 6	0.002	0.009
测孔 7	0.002	0.009
测孔 8	0.002	0.009
测孔 9	0.002	0.009
测孔 10	0.002	0.009
最大	0.002	0.009
最小	0.002	0.009
平均	0.002	0.009
机组负荷	160MW	
时间	1 月 19 日	

5. 比对分析

在线表计安装在烟道角落进行激光对穿，测量位置局限角落氨逃逸量低，且设备已使用多年，经过磨损消耗，精度效果远不如前。可见在线表计在整个过程中测量值一直为 A 侧 $0.002\mu L/L$、B 侧 $0.009\mu L/L$。在离线测试中可以看到该厂氨逃逸数值 A 侧在 $2\sim6\mu L/L$ 之间、B 侧在 $0.5\sim6\mu L/L$ 之间。整体偏高，多数时间氨逃逸值在 $3\mu L/L$ 以上。可见该厂在线表计未能起到氨逃逸监测作用，应当立即改进。

	G	Point Name	Historian	Processing	Description	End Value	Unit	S	Low S	High
1	☑	(A) 10HSA12AT005.UNIT1@NET1	Auto Historian	Actual	A反应器1HSA10BB001出口NH3浓度	0.002	PP	☑	0	414.
2	☑	(A) 10HSA22AT005.UNIT1@NET1	Auto Historian	Actual	B反应器1HSA10BB002出口NH3浓度	0.009	PP	☑	0	414.
3	☑	(A) 10HSA12AT003_C.UNIT1@NET1	Auto Historian	Actual	A反应器出口NOX浓度(6%含氧量)	126.971		☑	0	414.
4	☑	(A) 10HSA22AT003_C.UNIT1@NET1	Auto Historian	Actual	B反应器出口NOX浓度(6%含氧量)	152.849		☑	0	414.

Date Time	10HSA12AT00	10HSA22AT00	10HSA12AT00	10HSA22AT00
01/19/2017 16:59:48	0.002	0.009	126.971	152.849
01/19/2017 16:59:36	0.002	0.009	126.176	152.776
01/19/2017 16:59:24	0.002	0.009	126.058	151.137
01/19/2017 16:59:12	0.002	0.009	126.055	143.478
01/19/2017 16:59:00	0.002	0.009	126.828	144.259
01/19/2017 16:58:48	0.002	0.009	127.699	144.297
01/19/2017 16:58:36	0.002	0.009	129.154	145.048
01/19/2017 16:58:24	0.002	0.009	130.789	142.003
01/19/2017 16:58:12	0.002	0.009	129.025	143.505
01/19/2017 16:58:00	0.002	0.009	128.321	143.483
01/19/2017 16:57:48	0.002	0.009	127.634	145.724
01/19/2017 16:57:36	0.002	0.009	124.290	145.673
01/19/2017 16:57:24	0.002	0.009	123.499	141.673
01/19/2017 16:57:12	0.002	0.009	125.187	142.513
01/19/2017 16:57:00	0.002	0.009	125.978	141.747
01/19/2017 16:56:48	0.002	0.009	125.187	141.823
01/19/2017 16:56:36	0.002	0.009	126.837	139.440
01/19/2017 16:56:24	0.002	0.009	128.307	137.831
01/19/2017 16:56:12	0.002	0.009	128.903	138.619
01/19/2017 16:56:00	0.002	0.009	130.778	140.233
01/19/2017 16:55:48	0.002	0.009	132.359	143.335
01/19/2017 16:55:36	0.002	0.009	134.040	138.706
01/19/2017 16:55:24	0.002	0.009	133.302	139.501
01/19/2017 16:55:12	0.002	0.009	130.115	141.911
01/19/2017 16:55:00	0.002	0.009	126.120	145.735
01/19/2017 16:54:48	0.002	0.009	125.322	146.595
01/19/2017 16:54:36	0.002	0.009	125.318	144.981
01/19/2017 16:54:24	0.002	0.009	125.342	143.456
01/19/2017 16:54:12	0.002	0.009	122.933	140.295
01/19/2017 16:54:00	0.002	0.009	118.956	138.001
01/19/2017 16:53:48	0.002	0.009	117.410	132.887
01/19/2017 16:53:36	0.002	0.009	118.871	125.513
01/19/2017 16:53:24	0.002	0.009	117.382	123.291
01/19/2017 16:53:12	0.002	0.009	115.701	121.822
01/19/2017 16:53:00	0.002	0.009	114.896	127.246
01/19/2017 16:52:48	0.002	0.009	114.123	125.654

图 8-19　该厂测试时在线表计数据

三、超低排放改造后对测试仪器的影响

随着超低排放改造的进行，NO_x 的排放量满足 $50mg/m^3$ 以下，SCR 系统改造势在必行。更低的 NO_x 的排放量意味着要消耗更多的 NH_3，同时若进行催化剂加层，提高烟道阻力，降低烟温，则 SCR 系统中氨逃逸量势必增加。对于 NH_3 的监测则会变得更为重要。日后氨逃逸设备的精准化、批量化、正规化对于火电厂运行是必不可少的。

第九章

Hg 测 试 技 术

当前火力发电仍处于发电行业的主要形式，煤炭燃烧带来的环境问题是当今发电行业的主要难题，其中包括污染物 SO_x、NO_x 和重金属等的排放。NO_x、SO_x 的处理技术已经相当完善，而煤炭中的汞浓度测量方法少、排放控制技术等方面仍处于试验阶段，随着国家排放标准的日益提高，汞的排放监测与控制技术已经成为污染物控制领域内的一个研究热门。汞作为重金属污染物具有极强的生物毒性，通过水、空气、食物等途径可对人体造成危害，特别是对脑部、脊髓、肾脏和肝脏的伤害极其严重。工业中 80% 的汞以蒸气的形式排向大气，目前普遍认为，化石燃料的使用是汞排向大气的主要来源，烟气中排放出的汞分为三种形态：一是固体颗粒中的汞，同烟气中颗粒一起排出；二是二价态的汞，随烟气排出；三是气相单质汞，随烟气排出。汞的各种形态都有独特的理化性质。为此，汞的排放、传播、沉积特性及捕捉方法必须是分类对待。

颗粒中的汞和二价态的汞可以被一般的烟气处理系统（除尘器及湿法脱硫系统）除去。因此目前研究的重点是如何将单质汞有效地转化为二价汞，以便于捕捉和控制。选取合适的测试系统是测试汞转化效率的前提条件。

汞浓度测量分为采样富集和检测分析两个部分。采样富集方法有很多种，在测量火电厂烟气中的汞浓度时常采用其中两种即 Ontario Hydro 法和 EPA30B 方法。在检测分析中常用到冷原子冷蒸汽原子吸收光谱法、冷蒸汽原子荧光光谱法、塞曼分光原子吸收光谱法和紫外差分吸收光谱法等。

第一节 标准中关于 Hg 测试技术的要求

一、标准规定 Hg 在开放大气中的限值

我国在燃煤电厂汞监测方面在 GB 13223—2011《火电厂大气污染物排放标准》中进行了规定。该标准中规定火力发电燃煤锅炉的汞及其化合物排放的浓度限值为 $0.03mg/m^3$，同时标准中规定了汞极其化合物的测定采用 HJ 543—2009《固定污染源废气 汞的测定 冷原子吸收分光光度法》。

同时在 GB 13271—2014《锅炉大气污染物排放标准》中规定了在役以及新建锅炉

的汞及其化合物排放的浓度限值为 $0.05mg/m^3$，同时标准中规定了汞及其化合物的测定采用 HJ 543—2009《固定污染源废气 汞的测定 冷原子吸收分光光度法》。

在 DL/T 414—2012《火电厂环境监测技术规范》将汞纳入了火电厂环境监测范围。规定汞及其化合物的测定采用 HJ 543—2009《固定污染源废气 汞的测定 冷原子吸收分光光度法》。

二、标准规定的 Hg 测量方法

HJ 543—2009《固定污染源废气 汞的测定 冷原子吸收分光光度法》规定了固定污染源废气中汞的冷原子吸收分光光度法，适用于固定污染源废气中汞的测定。该方法检出限为 $0.025\mu g/25mL$ 试样溶液，当采样体积为 10L 时，检出限为 $0.0025mg/m^3$，测定下限为 $0.01mg/m^3$。

JJG 548—2004《测汞仪》规定了冷原子吸收及冷原子荧光测汞仪的首次检定、后续检定和使用中检验的规程。

第二节　烟气中汞的采集方法

一、Ontario Hydro 法

Ontario Hydro 法来源于美国国家环境保护局（EPA），又称为 OHM 法或安大略法，该方法是目前测量燃煤电厂烟气中的单质汞、二价汞和颗粒汞的常用方法，也是美国的标准方法。

1. 方法

Ontario Hydro 法装置示意图如图 9-1 所示。

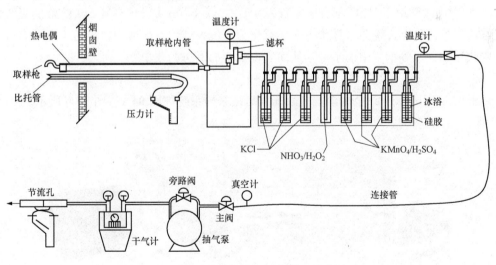

图 9-1　Ontario Hydro 法装置示意图

该方法采样装置包括带加热采样探枪、石英过滤器、过滤器加热装置、吸收瓶组瓶、冰浴、抽气泵及控制系统。烟气进入吸收瓶前为了防止温度降低导致汞形态发送变化，采用了全程加热的方式，温度应控制在 120℃。管线全部使用高硼硅制作，耐高温、防止汞蒸汽在管壁上吸附。

现场采样要求机组负荷稳定，对烟气进行等速采样，计时计算采样体积，收集一定量的烟气，记录采样体积、温度、氧量等其他参数。

采样结束后对石英过滤器中采得的灰样进行消解，每 0.5g 灰样放入聚四氟乙烯消解管，加入浓 HF 酸与王水的混合酸 13mL（混合体积比 7∶5），封闭放入 90℃水浴 8h，冷却至室温，加入 40mL 去离子水后加入 3.5g 硼酸，密封 90℃水浴 1h。冷却后移入 100mL 容量瓶定容，以备分析。

对 KCl 溶液用容量瓶稀释，取 10mL 稀释后的溶液加入浓硫酸 0.5mL、浓硝酸 0.25mL、重量体积比 15％的 $KMnO_4$ 溶液，混合 15min 后加入重量体积比 15％的 $K_2S_2O_8$ 溶液 0.75mL，虚盖放入水浴，加热至 95℃，保持 2h。水浴时如高锰酸钾褪色，则进一步加入更多高锰酸钾。分析前加入 1mL 重量体积比 10％的硫酸羟胺，保持样品澄清。

将收集后的 HNO_3-H_2O_2 用容量瓶稀释，取 5mL 稀释后样品加入浓硫酸 0.25mL、浓硝酸 0.25mL，将消解管放入冰槽。冷却 15min 后，缓慢加入饱和高锰酸钾溶液消除过氧化氢，该过程反应激烈，注意摇匀冷却，直到溶液一直保持紫色。后加入重量体积比 15％的 $K_2S_2O_8$ 溶液 0.75mL，密封保存。

对收集后 $KMnO_4$-H_2SO_4 溶液保存。分析前将 0.5g 固体硫酸羟胺缓慢加入样品溶液，直到溶液澄清，反应剧烈。用容量瓶定容，取 10mL 样品移入消解管，加入重量体积比 15％的 $K_2S_2O_8$ 溶液 0.75mL 和 0.5mL 浓硫酸。

按照该方法进行采样时，首先进行过滤除灰，颗粒态的汞被截留在滤膜上，由吸收瓶组中的 KCl 溶液的吸收瓶进行二价态汞的收集，装有 5％HNO_3－10％H_2O_2 溶液用来去除烟气中的 SO_3 同时吸收部分的零价汞。装有 4％$KMnO_4$－10％H_2SO_4 溶液的吸收瓶最终收集全部的零价汞并将零价汞全部氧化为二价汞溶解在溶液中，最后 1 个装有硅胶的吸收瓶用于吸收烟气中的水分，从而实现汞全部形态的收集。

2. 试验仪器

美国 ESC A-2000 全自动烟气汞安大略法采样系统如图 9-2～图 9-6 所示。

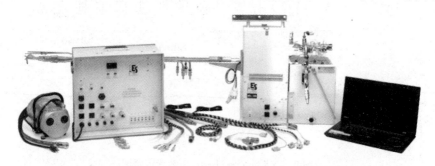

图 9-2 ESC A-2000 全自动烟气汞安大略法采样系统

ESC A-2000 全自动烟气汞安大略法采样系统特点介绍如下。

（1）能够同时采集烟气中的颗粒态汞、气态元素汞、二价汞和总汞。

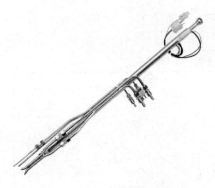

图 9-3 ESC A-2000 采样枪头

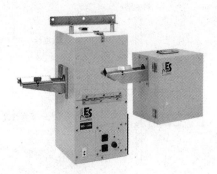

图 9-4 ESC A-2000 加热过滤膜箱

图 9-5 ESC A-2000 冲击瓶箱

图 9-6 ESC A-2000 冲击瓶组

（2）自动校准皮托管、文丘里流量计、干式气体流量计、传感器、喷嘴等。

（3）连续式 PID 流速控制，自动调节采样流量，采样结果准确度高。

（4）可选择自动或手动控制采样泵，能够与手动等速采样设备兼容。

（5）旋叶式真空泵泵体无油免维护。

二、EPA 30B 法

EPA 30B 法也来自美国国家环境保护局（EPA），又称为活性炭吸附法。该方法的核心在于使用活性炭采样管采样后再使用分析方法进行分析，以此测量烟气中总汞的含量，该方法适用于烟气颗粒物较低的情况下。

1. 方法

EPA 30B 法装置示意图如图 9-7 所示。

现场采样时要求记录采样烟气的气体流量、烟温、设备温度以及其他参数。采样完成后可采取酸浸泡、消解和热解吸/直接燃烧等技术回收汞再通过分析技术对样品进行分析测定。采样时，枪头上安装一对吸附管，作为平行样。

EPA 30B 法采样探头如图 9-8 所示。

2. 原理

用烟枪将吸附管伸入烟道进行烟气采集，吸附管主要以卤素处理过的活性炭（一般为碘）作为吸附剂，中间由玻璃棉分割。前段活性炭层用来捕获烟气中大部分气态汞，

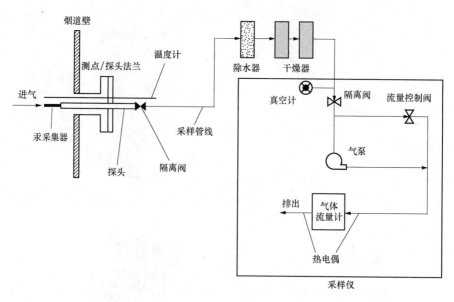

图 9-7　EPA 30B 法装置示意图

后段活性炭层用来捕获穿透的汞。前段在测试前应先注入已知量的汞蒸气用来考察吸附剂上汞的回收率和汞的分析误差。

EPA 30B 法吸附管如图 9-9 所示。

图 9-8　EPA 30B 法采样探头

图 9-9　EPA 30B 法吸附管

3. 试验仪器

（1）美国 ESC HG-220 烟气汞采样仪。美国 ESC HG-220 烟气汞采样仪如图 9-10 所示。

ESC HG-220 烟气汞采样仪特点介绍如下。

1）现场操作简单，可实现 2 人全过程快速采样。

2）采用双独立采样通道，低流速精密型数字式干气流量计，双头隔膜泵。

3）干气流量计入口处含酸雾洗涤器，保护采样器内部精密组件免受腐蚀。

4）双头式微型无刷隔膜泵前端具备颗粒物保护器，避免颗粒物对泵头的磨损，确保泵的长期使用寿命。

（2）美国 ESC HG-324K 烟气汞自动采样仪。美国 ESC HG-324K 烟气汞自动采样仪如图 9-11 所示。

HG-324K 烟气汞自动采样仪特点介绍如下。

1）现场操作更为简便，可实现 1～2 人全过程采样。

图 9 - 10　ESC HG - 220 烟气汞采样仪

图 9 - 11　ESC HG - 324K 烟气汞自动采样仪

2）干法恒流采样，不需要繁琐的化学处理步骤，样品便于保存和快速分析。

3）主机箱带拉杆滚轮，材质为聚丙烯，便于现场运输。

（3）俄罗斯 Lumex OLM30B 烟气汞采样仪器。OLM30B 烟气汞采样器基本参数见表 9 - 1。

表 9 - 1　　　　　　　　　　OLM30B 烟气汞采样器基本参数

流量分辨率	0.011
重复性	1% FS
流速	0～2L/min
电源要求	110/220V
功率	500W
温度	−10～50℃
重量	空气泵系统 6.8kg，探头 10kg

俄罗斯 Lumex OLM30B 烟气汞采样仪器如图 9 - 12 所示。

OLM30B 烟气汞采样器特点介绍如下。

1）配备湿气，酸气移除洗涤系统，配备干燥罐具备干燥功能。

2）流量流速稳定，量程比较宽泛，准确度高。

3）模块化设计，方便运输携带。

4）具备设定记忆功能，采样过程无需重新调节。

5）配备双管取样探头，采用耐用不锈钢材质，6ft 长，配备自动冷却吹扫系统。

图 9 - 12　OLM30B 烟气汞采样器

6）配备质量流量控制单元，可在各种高低温以可调整流速速实现高质量采样。

7）采样器性能稳定，操作简便，易于使用。

8）配备冷却加热探头，可实现总汞和分类汞吸附管采样。

9）符合美国 EPA30B 烟气吸附管采样方法，满足 Appendix K、40CFR、Part60 等要求。

（4）明华 MH3030B 型烟气汞采样仪。明华 MH3030B 型烟气汞采样仪基本参数见表 9-2。

表 9-2　　　　　　　　明华 MH3030B 型烟气汞采样仪基本参数

型号	MH3030B
品牌	青岛明华
流速	0.1~1.0L/min
重量	<5kg
流量控制稳定性	优于±2%
温控范围	0~150℃
功率	<300W

明华 MH3030B 型烟气汞采样仪如图 9-13 所示。

图 9-13　明华 MH3030B 型烟气汞采样仪

明华 MH3030B 型烟气汞采样仪特点介绍如下。

1）满足 EPA 30B 法的相关要求，管路全程加热，后端采用帕尔贴冷凝脱水，防止冷凝水回流或倒吸到汞吸附管内，同时得到标准状态下的干烟气体积。

2）一体化设计，将符合 EPA Method 30B 标准汞采样器的采样探头、加热管线、制冷器、采样器主机全部集成在一起，体积小、重量轻，便于携带。

3）汞吸附管与加热腔采用软连接，便于更换，同时避免螺帽和石英管硬连接造成的石英管损坏和漏气。

4）冷凝排水管带加热功能，防止低温时排水孔结冻。

5）拥有 2 个完全独立的采样通道，具备气密性自动智能检测功能。

第三节　烟气中汞的检测分析方法

一、冷蒸汽原子吸收光谱法

冷蒸汽原子吸收光谱法为 Hatch 和 Ott 共同发现，目前，这种方法已经进行很多改进。汞蒸汽测定有几种不同的方法：①用空气或氮气携带汞蒸汽通过吸收池，并记录吸光度；②用循环载气通过溶液，当汞蒸汽达到气液平衡时，记录吸光度；③不使用载气，采用冷蒸汽技术，直接在吸收池内进行还原，记录吸光度。

1. 方法

按照 GB/T 16157—1996《固定污染源排气中颗粒物测定与气态污染物采样方法》的规定进行烟气采样。在采样装置上串联两支各装 10mL 吸收液的大型气泡吸收管，以 0.3L/min 流量，采样 5～30min。将两支装有 10mL 吸收液的大型气泡吸收管带至采样点，不连接烟气采样器，并与样品在相同的条件下保存、运输，直到送交实验室分析，运输过程中应注意防止玷污。采样结束后，封闭吸收管进出气口，置于样品箱内运输，并注意避光，样品采集后应尽快分析。若不能及时测定，应置于冰箱内 0～4℃保存，5d 内测定。采样后，将两支吸收管中的吸收液合并移入 25mL 容量瓶中，用吸收液洗涤吸收管 1～2 次，洗涤液并入容量瓶中，用吸收液稀释至标线，摇匀，制备空白试样。

取 7 支汞反应瓶，配制汞标准系列。将各瓶摇匀后放置 10min，滴加 10％盐酸羟胺溶液，至紫红色和沉淀完全褪去为止。在瓶中加 1.0mol/L 硫酸溶液至 25mL，再加 25％氯化亚锡甘油溶液 3.0mL，迅速盖严瓶塞。按测汞仪操作程序进行测定，以仪器的响应值对汞含量（μg）绘制标准曲线，并算出标准曲线的线性回归方程。吸取适量试样，放入汞反应瓶中，用吸收液稀释至 5.0mL。同法制备空白试料。按标准曲线的绘制步骤进行试料和空白试料的测定，并记录仪器的响应值。

冷蒸汽原子吸收光谱法采样设备图如图 9-14 所示。

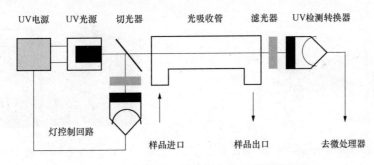

图 9-14　冷蒸汽原子吸收光谱法采样设备图

2. 原理

冷蒸气原子吸收光谱 CVAAS 是根据元素基态原子不同含量对特征波长的辐射波吸收特性不同来测定蒸汽样品中被测元素含量的方法。选用波长为 253.7nm 的汞灯作为光源，该波长的辐射会被蒸气中的汞会吸收并显示出特征峰，其吸光强度与汞浓度满足朗伯-比尔定律，可以进行定量分析。在冷蒸气原子吸收光谱分析中，将原子蒸气中的所吸收的全部能量称为积分吸收。同时，基态原子数与积分吸收的大小成废气中的汞被氧化形成正比例。

废气中的汞被氧化形成汞离子，汞离子被氯化亚锡还原为原子态汞，用载气将汞蒸气从溶液中吹出带入测汞仪，用冷原子吸收分光光度法测定。

3. 试验仪器

（1）Milestone DMA - 80 测汞仪。Milestone DMA - 80 测汞仪基本参数见表 9 - 3，Milestone DMA - 80 测汞仪如图 9 - 15 所示。

表 9 - 3　　　　　　　　　　Milestone DMA - 80 测汞仪基本参数

重复性	RSD<1.0%
检测限	0.0005ng
仪器种类	实验室台式
线性误差	高回收率>98.5%
仪器原理	冷原子吸收法

Milestone DMA - 80 测汞仪特点介绍如下。

1）可自动进行固体、液体、气体样品汞含量的测定超纯石英舟。

2）无需样品前处理。

3）无需每天标准化。

4）省略了样品消解过程——样品被热分解。

5）省略了化学预处理步骤——直接进行热分解和金汞齐反应。

（2）雪迪龙 MODEL 3080Hg 便携式烟气汞分析仪。雪迪龙 MODEL 3080Hg 便携式烟气汞分析仪如图 9 - 16 所示。

图 9 - 15　Milestone DMA - 80 测汞仪　　　　　图 9 - 16　雪迪龙 MODEL 3080Hg 便携式
　　　　　　　　　　　　　　　　　　　　　　　　　　　　　　　烟气汞分析仪

雪迪龙 MODEL 3080Hg 便携式烟气汞分析仪特点介绍如下。

1）采用冷原子吸收光谱法，具有极好的选择性、抗干扰能力强、稳定、可靠。

2）仪器自带催化装置，可以直接连续测量烟气中总汞（元素汞和离子汞）的浓度。

3）自动标定零点。

4）自带除水系统。

5）采用防腐设计。

6）仪器抗震性能好，可车载使用。

雪迪龙 MODEL 3080Hg 便携式烟气汞分析仪基本参数见表 9 - 4。

表 9 - 4   雪迪龙 MODEL 3080Hg 便携式烟气汞分析仪基本参数

测量方法	冷原子吸收光谱法
测量范围	$0\sim50\sim100\mu g/m^3$；双量程自动切换
最小分辨率	$0.01\mu g/m^3$
最低检测限	$0.1\mu g/m^3$
示值误差	$\leqslant\pm1\%$ FS
重复性	$\leqslant1\%$
零点漂移	$\leqslant1\%$FS
量程漂移	$\leqslant1\%$FS

二、冷蒸汽原子荧光光谱法

冷蒸汽原子荧光光谱法兼有原子发射和冷蒸汽原子吸收光谱法的优点。其测试灵敏度高、精密度好、线性强、操作方便。其原理是待测元素在一些情况下能形成挥发性元素或化合物，以气体形式将待测物从样品中分离，引入原子荧光光谱仪中进行元素含量分析。

1. 方法

CVAFS采用原子荧光光谱的原理。采用金汞齐法对汞进行富集捕捉，而后加热设备释放汞，用氩气作为载气对气态汞进行吹扫并送入测量池。汞原子在测量池中吸收了脉冲调制无极放电灯发出的波长为 253.7nm 的特征谱线的光，汞原子受激发后发出与原激发波长相同的原子荧光，而后测量原子荧光的发光强度，来测量汞的浓度。

冷蒸汽原子荧光光谱法采样设备如图 9 - 17 所示。

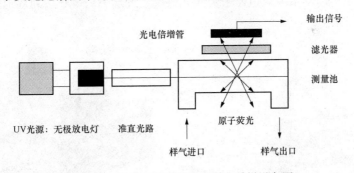

输出信号
光电倍增管
滤光器
测量池
UV光源：无极放电灯   准直光路
原子荧光
样气进口   样气出口

图 9 - 17   冷蒸汽原子荧光光谱法采样设备图

2. 原理

冷蒸气原子荧光光谱的原理是利用汞灯或激光作为光源发射特定波长的特征辐射，汞原子在受到辐射后激发出荧光信号。通过检测该荧光信号可以计算出汞的浓度，该方法灵敏度高。同时烟气中的氧气、氮气等气体也会发出微弱的荧光效应。所以为保证测量精度，一般使用惰性气体为载气，防止猝灭保证荧光强度，并配合金汞齐法，先将汞原子进行富集，完全使用惰性气体为载气，再加热释放汞原子，由载气带入检测室进行测量。

原子荧光定量分析关系式：

$$I_{\mathrm{F}} = \phi A I_0 \varepsilon L a c$$

式中　I_{F}——荧光强度；

　　　ϕ——荧光过程的量子效率；

　　　A——受光源照射在检测器系统中观察到的有效面积；

　　　I_0——入射光强；

　　　ε——吸收系数；

　　　L——吸收光程；

　　　a——基态原子数与原子浓度比例；

　　　c——待测元素浓度。

实验条件一定时，ϕ、I_0、A、ε、L、a 均可视为常数，从中可以发现原子荧光强度和待测元素浓度成正比。

3. 试验仪器

（1）利曼 QuickTrace M - 8000 测汞仪。

利曼 QuickTrace M - 8000 测汞仪如图 9 - 18 所示。

利曼 QuickTrace M - 8000 测汞仪特点介绍如下：

1）使用无泡气液分离器（GLS）。

2）无富集、单金汞齐富集和双金汞齐富集三种运行模式满足不同检测需求。

3）高效的气体控制技术避免在富集模式运行过程中有空气进入仪器。

4）结合智能清洗的检测器过载保护功能，避免高含量样品残留。

（2）天瑞 AFS200 系列双道原子荧光光谱仪。天瑞 AFS200 系列双道原子荧光光谱仪如图 9 - 19 所示。

图 9 - 18　利曼 QuickTrace M - 8000 测汞仪　　图 9 - 19　天瑞 AFS200 系列双道原子荧光光谱仪

天瑞 AFS200 系列双道原子荧光光谱仪特点介绍如下。

1）AFS200N/T 采用双蠕动泵断续流动进样系统，蠕动泵进样装置进样稳定，操作简单，维护使用方便，使用寿命长；AFS200P/S 采用注射泵联合蠕动泵进样系统，具备注射泵进样与蠕动泵进样两种模式，切换方便，注射泵进样精度高，反应速度快，单次测量时间小于 40s。

2）采用新型非色散光学系统，大幅度提高测试灵敏度，并使得仪器结构简单紧凑，操作维修更加方便。

（3）BOEN 368965 全自动测汞仪。BOEN 368965 全自动测汞仪基本参数见表 9-5。BOEN 368965 全自动测汞仪如图 9-20 所示。

表 9-5　　　　　　　　　BOEN 368965 全自动测汞仪基本参数

品牌	德国 BOEN
检测原理	原子荧光 253.7nm
灵敏度	＜0.1pg
预热时间	＜10min
仪器重量	11kg

BOEN 368965 全自动测汞仪、冷原子荧光汞测定仪特点介绍如下。

1）双层纯金预浓缩装置。

2）样品瓶有特制的特龙密封盖，防止测试分析时从样品瓶挥发。

3）有独立的灯控制控制灯的电压和温度，利于灯的稳定和便于维护。

4）除了测固体和液体样品外可转换模式测气体样品。

图 9-20　BOEN 368965 全自动测汞仪

三、塞曼分光原子吸收光谱法

塞曼分光原子吸收光谱法（Zeeman atomic absorption spectroscopy，ZAAS），该方法基于原子吸收光谱原理，该技术符合 US EPA 7473 要求，无需样品前处理和其他耗材（如载气、金丝吸附管），汞的记忆效应小，且可直接通过加热方式将其消除。该仪器检测方法准确可靠，应用广泛。

1. 方法

塞曼原子吸收光谱法采样设备图如图 9-21 所示。

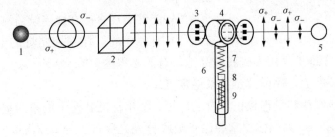

图 9-21　塞曼原子吸收光谱法采样设备图

1—汞灯；2—偏振调制器；3—RA-915 探针；4—分析池；5—光电探测器；6—催化转化器；

7、9—雾化器气室；8—雾化器

取所采活性炭样品100mg，放入100ml高纯水中静置30min，过滤。将过滤后的活性炭与过滤过的滤纸一起放入石英样品中，将Na_2CO_3敷在样品上，置于塞曼原子吸收分析装置的加热炉中加热，测定Hg含量。石英和Na_2CO_3用之前需先在热解炉内灼烧并测定，以保证汞全部去除。

2. 原理

ZAAS基于原子吸收光谱原理，ZAAS原理的核心是依靠塞曼效应扣除背景的干扰。仪器中汞光源灯放置在强磁场中，用偏振调制器将汞253.7nm共振谱线分成三部分。当UV谱线沿磁场方向传播时，仅部分射线会被测量池检测到。

塞曼原子吸收光谱法原理如图9-22所示。

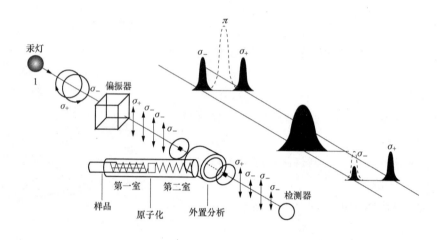

图9-22　塞曼原子吸收光谱法原理图

3. 试验仪器

（1）LUMEX RA-915M测汞仪。LUMEX RA-915M测汞仪如图9-23所示。

图9-23　LUMEX RA-915M测汞仪

RA-915AM全自动在线汞监测仪特点介绍如下。

1）采用原子吸收光谱技术及塞曼效应背景校正技术。

2）能够实现直接在线连续监测。

3）有独立的灯控制控制灯的电压和温度，利于灯的稳定和便于维护采用多光程样品池，有效光程达10m。

4）内置汞校准池，保证仪器结果稳定可靠。

5）自动基线漂移和量程校正，自动计算并输出标准状态下的汞含量。

（2）日立ZA3000系列偏振塞曼原子吸收分光光度计。日立ZA3000系列偏振塞曼原子吸收分光光度计如图9-24所示。

日立ZA3000系列偏振塞曼原子吸收分光光度计特点介绍如下。

1）石墨炉分析的精度更高。

2）专用石墨管实现更高精度的双进样功能。

3）待机中可自动关闭空心阴极灯，降低能耗，实现节能。

四、紫外差分吸收光谱法

紫外差分法吸收光谱法（differential optical absorption spectroscopy，DOAS）。该法主要利用物质在紫外波段存在的窄带

图 9-24　日立 ZA3000 系列偏振塞曼原子吸收分光光度计

特征吸收光谱，通过测量该光谱可计算出气体中汞浓度的技术。该技术最早用于测量大气中在紫外波段有特征吸收光谱的微量气体浓度。近年来该技术在多个方面有很多有了新的拓展。DOAS 技术也是来源于朗伯-比尔吸收定律，使用高分辨率光谱仪做传感器，可以拓宽 DOAS 技术的特征吸收光谱带，能够测量同时测量多种气体。

1. 方法

以吸收截面获取平台为基础，对不同渗透管试验，记录不同积分范围积分光学厚度与浓度的对应线性关系。在平台上再次试验，确定积分范围的准确性和稳定性，确定吸收面积。

2. 原理

DOAS 检测技术源于紫外光照射在分子上会被分子吸收一部分能量导致光发生变化，而每一种分子内部结构不同，电子发生能级跃迁的能量和概率不同，这样每种不同的分子拥有自己不同的特征吸收光谱。

DOAS 法主要是利用紫外光源通过含有气态元素汞的样品池时，会在波长 253.7mn 处产生强烈吸收特征光谱。在吸收率较低的波长（参考波长）的光强也同时被检测，因此气态元素汞的浓度可以通过不同波长的吸收差检测。

紫外差分吸收法采样原理如图 9-25 所示。

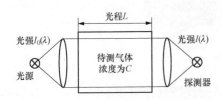

图 9-25　紫外差分吸收法采样原理

3. 试验仪器

（1）Canary 便携式气体分析仪。Canary 便携式气体分析仪基本参数见表 9-6。

表 9-6　　　　　　　　　Canary 便携式气体分析仪基本参数

操作环境温度	0～45℃
光谱范围	185nm～18μm
取样单元操作温度	0～200℃
取样单元材料	316SS，PVDF 或 PTFE
原位探针光谱范围	200nm～18μm
原位探针操作温度	0～140℃

Canary 便携式气体分析仪如图 9‐26 所示。

图 9‐26　Canary 便携式气体分析仪

Canary 便携式气体分析仪特点介绍如下。

1）扫描汞的特征波长和参考波长的光谱区域，仪器的背景干扰可以消除。

2）高精度和强抗干扰能力测量。

（2）UV MICRO HOUND 便携式紫外多组分气体分析仪。UV MICRO HOUND 便携式紫外多组分气体分析仪基本参数见表 9‐7。

表 9‐7　UV MICRO HOUND 便携式紫外多组分气体分析仪基本参数

操作环境温度	0～45℃
光谱范围	185nm～400nm
光谱分辨率	0.05nm 或 0.20nm
光程	2m

UV MICRO HOUND 便携式紫外多组分气体分析仪如图 9‐27 所示。

图 9‐27　UV MICRO HOUND 便携式紫外多组分气体分析仪

UV MICRO HOUND 便携式紫外多组分气体分析仪特点介绍如下。

1）宽波段微型光谱仪采集气体光谱"指纹"，软件和标准光谱库比对计算污染物浓度。

2）可自我参照校准，使用方便。

第四节　离线测试实例

随着新标准的施行，GB 13223—2011《火电厂大气污染物排放标准》中要求，自 2015 年 1 月 1 日起，燃煤锅炉的汞及其化合物污染物排放限值为 0.03mg/m³。某电厂为校验其厂 4 台机组是否符合排放限值要求，在烟囱入口进行了烟气中汞浓度的测试，测试采用安大略法原理，分析采用冷蒸汽原子吸收光谱法。

一、离线测试实例工况介绍、测试数据、测试结果

1. 测试工况

某厂锅炉是北京巴布科克·威尔科克斯有限公司提供的锅炉产品，安装 2 台顺列布置 330MW 亚临界参数、自然循环单炉膛、一次中间再热、平衡通风、前后墙对冲燃烧、分隔式大风箱、固态排渣、全钢悬吊结构、紧身封闭布置的燃煤汽包炉。锅炉炉膛断面尺寸：炉宽×炉深×炉高为 14100mm×12300mm×49850mm；最上排主喷嘴到屏底距离 18695mm；最下排主喷嘴到灰斗渣上沿距离 3048mm。炉顶采用大罩壳热密封，炉顶管采用全金属密封，炉墙为轻型结构带梯形金属外护板，屋顶为轻型金属屋盖。在锅炉尾部烟道布置两台回转式空气预热器。锅炉辅机配置两台离心式一次风机、两台动调轴流送风机以及两台引风机。

取样试验工期 2015 年 9 月 20～24 日，实验室检测分析工期为 2015 年 9 月 25～29 日。现场取样试验工况见表 9-8。

表 9-8　　　　　　　　　　　　现场取样试验工况

机组	主机负荷	烟气温度		烟气含氧量	
1 号	202MW	烟囱入口	82℃	烟囱入口	6.1%
2 号	322MW	烟囱入口	72.2℃	烟囱入口	5.8%
3 号	329MW	烟囱入口	80.0℃	烟囱入口	5.6%
4 号	326MW	烟囱入口	82.0℃	烟囱入口	5.4%

原设计煤质见表 9-9。

表 9-9　　　　　　　　　　　　原 设 计 煤 质

项目		单位	设计煤种	校核煤种 1	校核煤种 2
接收基低位发热	$Q_{net,ar}$	kJ/kg	16294	14676	17644
		(kcal/kg)	3892	3506	4215
接收基全水分	M_t	%	10	10	8
接收基灰分	A_{ar}	%	31.7	36.1	30.52
干燥无灰基挥发分	V_{daf}	%	40.87	42.95	37.62
空气干燥基水分	M_{ad}	%	2.94	2.72	3.34
接收基碳	C_{ar}	%	43.21	39.07	45.19
接收基氢	H_{ar}	%	3.42	3.21	3.24
接收基氧	O_{ar}	%	10.55	10.32	11.81
接收基氮	N_{ar}	%	0.69	0.86	0.67
接收基全硫	$S_{t,ar}$	%	0.43	0.44	0.57
哈氏可磨指数	HGI		70	68	65
灰变形温度	DT	℃	>1500	>1500	>1500
灰软化温度	ST	℃	>1500	>1500	>1500
灰熔化温度	FT	℃	>1500	>1500	>1500

2. 测试数据

某厂汞浓度测量计算数据见表 9-10。

表9-10 　　　　　　　　　　　　　某厂锅炉烟气中汞浓度测量计算数据

炉号	样品		测定时所取样品溶液中汞含量（$\mu g/L$）	样品溶液总体积（mL）	烟气（尘）标态采样体积（L）	烟气（尘）中汞浓度[$\mu g/m^3$（标况）]
1号	烟囱入口取样	烟气	9.90	25	26.3	9.41
	空白样	气（吸收液）	未检出	—	—	—
2号	烟囱入口取样	烟气	10.93	25	26.8	10.20
	空白样	气（吸收液）	未检出	—	—	—
3号	烟囱入口取样	烟气	14.42	25	26.9	13.40
	空白样	气（吸收液）	未检出	—	—	—
4号	烟囱入口取样	烟气	12.46	25	26.4	11.80
	空白样	气（吸收液）	未检出	—	—	—

3. 测试结果

1号烟囱入口烟气中气态汞含量为 $9.41\mu g/m^3$（标况），2号烟囱入口烟气中气态汞含量为 $10.20\mu g/m^3$（标况），3号烟囱入口烟气中气态汞含量为 $13.40\mu g/m^3$（标况），4号烟囱入口烟气中气态汞含量为 $11.80\mu g/m^3$（标况）。

从试验结果看，锅炉来烟气经过脱硝、电除尘器及脱硫后。达到排放标准要求，排放标准为 $0.03mg/m^3$。

二、超低排放改造后对测试仪器的影响

目前超低排放改造对汞监测并没有实质性的要求，而现今降低了烟尘排放限值浓度标准也有利于更多的汞元素随烟尘在电除尘侧被脱除。而在目前的形势下，我国对环境保护的力度逐年加大，而现实情况中对汞排放量的要求在实际当中还是相当低的，排放标准较国际水平偏高。汞排放和控制技术并未真正走上环境保护的工作范畴当中。今后对汞的监测与控制是燃煤电厂必须进行的一项工作。现有的汞采样以及汞分析仪器仅是刚刚开始起步，方法单一，使用复杂。国内对汞的排放限值和测试方法的标准都未跟上。今后汞采样与监测仪器必定会随着国家对汞排放控制的日益严格而更加完善，新的方法也将层出不穷。

第十章

CO 测试技术

一氧化碳（CO）主要来源于石油和煤炭等的不完全燃烧以及汽车尾气。火山爆发、森林火灾等一些自然灾害也会产生 CO，它是主要的大气污染物之一。CO 是一种无色、无味、剧毒性的极性无机化合物，密度略小于空气，与空气混合后的爆炸极限为 12.5%～74%。CO 难溶于水，易溶于氨水。研究表明，CO 与血液中输氧血红蛋白的亲和力比 O_2 强 200 倍，所以人体吸入 CO 之后，输氧的血红蛋白会与 CO 结合，大大降低血液的输氧能力，导致人体心脏、大脑等器官的严重缺氧，根据人体吸入 CO 浓度与时间长短的不同，轻微者将出现头晕、恶心、头痛等症状，严重者将会出现行动困难，昏迷甚至死亡。因此，在煤炭燃烧过程中要严格控制 CO 的产生，做到早发现，早治理，从而减少对社会和人民造成的危害。

在煤炭燃烧过程中，为了掌握锅炉内的燃烧状态，从而进行燃烧调整，也需要了解烟气中的 CO 浓度。CO 浓度和空气过剩系数拥有一定的转换关系，因而可以通过控制 CO 来确保燃烧的合理性。对烟气中的 CO 进行监测，可以控制锅炉燃烧，提升锅炉燃烧效率，进而降低 SO_2 和 NO_x 的排放量，从而节约成本，带来可观的经济效益。

英国在燃煤锅炉的使用过程中表明，通过对 CO 检测来进行燃烧控制的好处介绍如下。

（1）CO 浓度对 O_2 变化的反应十分灵敏，尤其是在临界点周围，O_2 的任何一点点变化就会引起 CO 浓度的剧烈改变。同时 CO 浓度也能体现燃烧系统配风情况的变化，因此它也是一种炉内局部缺氧状况的检测方法。

（2）CO 浓度与飞灰可燃物、排烟热损失及过量空气之间存在着一定的关系。利用 CO 检测，能够使燃煤锅炉在较低的过量空气下进行燃烧，提高了锅炉燃烧效率，同时又不会由于炉内局部缺风引起严重的炉内结渣或水冷壁管腐蚀。

（3）可以在引风机出口烟道进行取样研究，因为该处飞灰量已大大降低，同时又没有烟气成分分层的问题，漏风对 CO 的影响比较小，并且能够大大简化取样系统。

（4）对于高硫煤，CO 能够减少过量空气，使 SO_2 氧化成 SO_3 的量减少，进而减轻尾部受热面的酸腐蚀。在较低的火焰温度下，生成的 NO_x 随着过量空气的减少而减少，这非常有利于环境保护。

（5）采用 CO 检测，能够监测锅炉内局部缺风的情况，进而寻找炉内风粉配比局部不均的根源，以确定更加有利的燃烧工况。

第一节　标准中关于 CO 测试技术的要求

一、CO 的排放标准

1. 标准中的定义

（1）标准状态。标准状态是指温度为 273K、压力为 101325Pa 时的状态。

（2）最高允许排放浓度。最高允许排放浓度指处理设施后排气筒中污染物任何 1h 浓度平均值不得超过的限值；或指无处理设施排气筒中污染物任何 1h 浓度平均值不得超过的限值。

（3）最高允许排放速率。最高允许排放速率指一定高度的排气筒任何 1h 排放污染物的质量不得超过的限值。

2. 排放标准

一氧化碳多为燃料燃烧不充分所致。在锅炉、工业炉窑等燃烧设备的国家标准中规定了烟气黑度限值，要求燃料燃烧充分，从而达到减少一氧化碳排放的目的。

GB 13223—2011《火电厂大气污染物排放标准》规定任何燃煤锅炉烟气黑度（林格曼黑度，级）不得超过 1 的限值。

GB 13271—2001《锅炉大气污染物排放标准》规定 10t/h 以上在用蒸汽锅炉和 7MW 以上在用热水锅炉 2015 年 10 月 1 日起，10t/h 及以下在用蒸汽锅炉和 7MW 及以下在用热水锅炉 2016 年 7 月 1 日起以及新建锅炉以及重点地区锅炉自 2014 年 7 月 1 日起执行烟气黑度（林格曼黑度，级）≤1 的标准。

在 GBJ 4—1973《工业三废排放试行标准》中，CO 的排放主要要求的是化工和冶金企业等固定污染源，当排气筒高度为 30m 时，排放量不得高于 160kg/h；当排气筒高度为 60m 时，排放量不得高于 620kg/h；当排气筒高度为 100m 时，排放量不得高于 1700kg/h。

在 DB 13/478—2002《固定污染源一氧化碳排放标准》（河北省地方标准）中对 CO 的排放浓度有如下规定，即现有污染排放源不得超过 5000mg/m³（标况），新建的污染源不得超过 2000mg/m³（标况）。

二、CO 的测定要求

下面根据 HJ/T 397—2007《固定源废气监测技术规范》中的规定，介绍 CO 采样过程中的一些问题，包括采样位置和采样点。

（1）采样位置。采样位置应优先选择在垂直管段。应避开烟道弯头和断面急剧变化的部位。采样位置应设置在距弯头、阀门、变径管下游方向不小于 6 倍直径和距上述部件上游方向不小于 3 倍直径处。对矩形烟道，其当量直径 $D=2AB/(A+B)$，式中 A、B 为边长。对于气态污染物，由于混合比较均匀，其采样位置可不受上述规定限制，但应避开涡流区。如果同时测定排气流量，采样位置仍按上述规定选取。

采样位置应避开对测试人员操作有危险的场所。

（2）采样点：由于气态污染物在采样断面内一般是混合均匀的，可取靠近烟道中心的一点作为采样点。

第二节　奥氏气体分析法

奥氏气体分析器属于玻璃仪器，主要包括三管气体分析仪、四管气体分析仪、六管气体分析仪、七管气体分析仪等。奥氏气体分析器主要用于试验室、工业分析、化工行业、公共卫生等行业对各种气体的分析。

一、原理

采用不同的吸收液分别对烟气的各组分逐一进行吸收，根据烟气吸收前后的体积变化，计算该成分在烟气中所占的体积百分数。CO吸收剂一般用氯化亚铜氨性溶液。一氧化碳和氯化亚铜生成不稳定的 $Cu_2Cl_2 \cdot 2CO$，然后在氨性溶液中进一步与氨和水反应。

反应方程式为：

$$2CO + Cu_2Cl_2 \longrightarrow Cu_2Cl_2 \cdot 2CO$$

$$Cu_2Cl_2 \cdot 2CO + 4NH_3 + 2H_2O \longrightarrow \begin{array}{c} Cu-COONH_4 \\ | \\ Cu-COONH_4 \end{array} + 2NH_4Cl$$

其他常见气体吸收剂见表10-1。

表 10-1　　　　　　　　　　　　常见气体吸收剂

气　　　体	吸　收　剂
CO_2	300g/L 氢氧化钾水溶液
O_2	焦性没食子酸碱性溶液
不饱和烃	饱和溴水或浓硫酸（在硫酸根存在下）
SO_2	I_2溶液
NH_3	H_2SO_4溶液
NO	$HNO_3 + H_2SO_4$
H_2S	KOH

上述各种气体的吸收剂并不一定是某种气体的特效吸收剂，因此，在吸收过程中必须安排好吸收顺序，以免造成混乱。根据吸收前后的体积变化，计算各组分的体积分数。奥氏气体分析法原理图如图10-1所示。

二、影响奥氏气体分析仪测定准确度的因素

影响奥氏气体分析仪测定准确度的因素见表10-2。

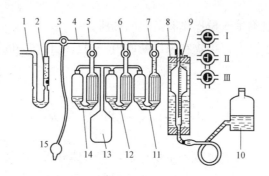

图 10-1 奥氏气体分析法原理图

1—连接管；2—过滤器；3—三通阀门；4—梳形管；5、6、7—阀门；8—玻璃圈筒；

9—量筒；10—压力瓶；13—橡胶囊；11、12、14—吸收容器；15—橡皮球

表 10-2   影响奥氏气体分析仪测定准确度的因素

因　　素	原　　因
仪器漏气	经过数次使用后，由于仪器上拉进三通和单项活塞的橡皮筋与密封凡士林接触频繁，极易老化而断裂或失去拉紧力，造成三通活塞和单项活塞漏气
环境温度过低	吸收剂对 CO 的吸收能力随温度的降低而降低，因此温度的下降对于 CO 的检测有非常显著的影响
排气不充分	由于导气管中的气体体积较大，排气次数不够的情况下就会影响奥氏气体分析仪测定 CO 的准确度
吸收剂不足	CO 吸收瓶中只有一定数量的吸收液，只能吸收固定量的 CO，超过这个数量时就会导致测试结果的不准确

三、试验仪器

QF-1907 奥氏气体分析仪如图 10-2 所示。

QF-1907 奥氏气体分析仪相关配置见表 10-3。

图 10-2 QF-1907 奥氏气体分析仪

表 10-3   QF-1907 奥氏气体分析仪配置

名称	数量（只）
1907-1 100mL 量气管	2
1907-2 量气管外套	2
1907-3 250mL 水准瓶	2
1907-4 活塞排	2
1907-5 接触式吸收瓶	1
1907-6 燃烧瓶	1
1907-7 燃烧管具铂丝	1
1907-8 弯形活塞	2
1907-9 燃烧瓶夹座	1
1907-10 吸收瓶座	1
1907-11 电位器	1
1907-12 木箱	1

四、奥氏气体分析法优缺点

1. 优点

(1) 结构简单。

(2) 价格低廉。

(3) 容易维修。

2. 缺点

(1) 操作较烦琐、精度低、速度慢，不能实现在线分析，适应不了生产发展的需要。

(2) 梳形管容积对分析结果有影响，尤其是对爆炸法的影响比较大。

(3) 该方法分析测定时间较长，场所存在一定局限性。

(4) 注意化学反应的完全程度，否则读数不准误导生产。

(5) 虽一次购置成本低，但长期运行成本高。

由于奥氏气体分析仪存在以上缺点，很难适应生产发展的需要，例如在化工、石油化工的生产过程中，为了控制化学反应和确保安全生产，一般都需要在线分析，并要求它连续、准确、经济、耐用。

第三节 电 化 学 法

一、电化学分析的分类

电化学法分类见表 10 - 4。

表 10 - 4 电 化 学 法 分 类

类　　型	特　　点
电导分析法、库仑分析法、电位法、伏安法和极谱分析法等	通过试液的浓度在特定试验条件下与化学电池某一电参数之间的关系求得分析结果的方法
电导滴定、电位滴定和电流滴定法	利用电参数的变化来指示容量分析终点的方法，这类方法仍然以容量分析为基础，根据所用标准溶液的浓度和消耗的体积求出分析结果
电重量法（电解分析法）	将直流电流通过试液，使被测组分在电极上还原沉积析出与共存组分分离，然后再对电极上的析出物进行重量分析以求出被测组分的含量

二、原理

电化学法的原理参见第三章第一节。

电化学 CO 气体传感器采用密闭结构设计，其结构是由电极、过滤器、透气膜、电解液、电极引出线（管脚）、壳体等部分组成。

电化学一氧化碳气体传感器结构如图 10 - 3 所示。

当 CO 气体通过外壳上的气孔经透气膜扩

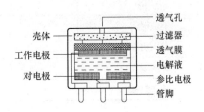

图 10 - 3 电化学一氧化碳气体传感器结构

157

散到工作电极表面上时，在工作电极的催化作用下，一氧化碳气体在工作电极上发生氧化。其化学反应式为

$$CO + H_2O \longrightarrow CO_2 + 2H^+ + 2e^-$$

在工作电极上发生氧化反应产生的 H^+ 离子和电子，通过电解液转移到与工作电极保持一定间隔的对电极上，与水中的氧发生还原反应。其化学反应式为

$$\frac{1}{2}O_2 + 2H^+ + 2e^- \longrightarrow H_2O$$

因此，传感器内部就发生了氧化 - 还原的可逆反应。其化学反应式为

$$2CO + 2O_2 \longrightarrow 2CO_2$$

这个氧化 - 还原的可逆反应在工作电极与对电极之间始终发生着，并在电极间产生电位差。

由于在两个电极上发生的反应都会导致电极极化，这使得极间电位很难保持恒定，从而限制了 CO 浓度的检测范围。为了维持电极间电位的恒定，增加了一个参比电极。在三电极电化学气体传感器中，其输出端所反应的是参比电极和工作电极间的电位变化，由于参比电极不参与氧化或还原反应，因此它可以使极间的电位维持恒定，此时电位的变化就与 CO 浓度的变化直接有关。当气体传感器有输出电流时，那么它的大小与气体的浓度成正比。

三、试验仪器

1. Testo 350 烟气分析仪

Testo 350 烟气分析仪相关技术参数见表 10 - 5。

表 10 - 5   **Testo 350 烟气分析仪相关技术参数**

仪器名称	烟气分析仪
生产厂名	德图 testo 公司
规格（型号）	Testo 350
测试气体类型	CO
仪器原理	电化学
测试气体类型	CO
测量范围	$0 \sim 10000 \mu L/L$
测量精度	$\pm 5\%$测量值（$200 \sim 2000 \mu L/L$）
	$\pm 10\%$测量值（$2001 \sim 10000 \mu L/L$）
	$\pm 10 \mu L/L$（$0 \sim 199 \mu L/L$）
分辨率	$1 \mu L/L$（$0 \sim 10000 \mu L/L$）
响应时间	40s
最大内存	250000 个读数
存放温度	$-20 \sim 50℃$
操作温度	$-5 \sim 45℃$

Testo 350 烟气分析仪的图如图 3 - 10 所示。

2. 德国菲索 E30X 手持式烟气分析仪

德国菲索 E30X 手持式烟气分析仪相关技术参数见表 10-6。

德国菲索 E30X 手持式烟气分析仪如图 10-4 所示。

3. Ecom-D 手持式烟气分析仪

Ecom-D 手持式烟气分析仪相关技术参数见表 10-7。

Ecom-D 手持式烟气分析仪如图 10-5 所示。

表 10-6　德国菲索 E30X 手持式烟气分析仪相关技术参数

仪器名称	手持式烟气分析仪
生产厂名	德国菲索
规格（型号）	E30X
测试气体类型	CO
仪器原理	电化学法
测量范围	0～5000/10000μL/L
测量精度	±5μL/L（<50μL/L） ±5%测量值（>50μL/L）
分辨率	1μL/L
相应时间（T90）	<60s

表 10-7　Ecom-D 手持式烟气分析仪相关技术参数

仪器名称	手持式烟气分析仪
生产厂名	德国益康
规格（型号）	Ecom-D
测试气体类型	CO
仪器原理	电化学法
测量范围	0～10000μL/L
分辨率	1μL/L
响应时间	3s
示值误差	0.2%
稳定性	0.2%
重复性	0.2%

图 10-4　德国菲索 E30X 手持式烟气分析仪

图 10-5　Ecom-D 手持式烟气分析仪

4. 德国益康 EN2-F 遥控式精密便携烟气分析仪

德国益康 EN2-F 遥控式精密便携烟气分析仪相关技术参数见表 10-8。

表 10-8　德国益康 EN2-F 遥控式精密便携烟气分析仪相关技术参数

仪器名称	遥控式精密便携烟气分析仪
生产厂名	德国益康
规格（型号）	EN2-F
测试气体类型	CO
仪器原理	电化学法
测量范围	0～10000μL/L

续表

仪器名称	遥控式精密便携烟气分析仪
分辨率	1μL/L
工作温度	5～40℃
存储温度	20～50℃

德国益康 EN2-F 遥控式精密便携烟气分析仪如图 10-6 所示。

5. KIGAZ100 烟气分析仪

KIGAZ100 烟气分析仪相关技术参数见表 10-9。

表 10-9　　　　　　　　**KIGAZ100 烟气分析仪相关技术参数**

仪 器 名 称	烟 气 分 析 仪
生产厂名	德国益康
规格（型号）	KIGAZ100
测试气体类型	CO
仪器原理	电化学法
测量范围	0～8000μL/L
分辨率	1μL/L
精度	0～200μL/L：±10μL/L
	201～2000μL/L：±5%
	2001～8000μL/L：±10%
工作温度	−5～50℃
存储温度	−10～50℃

KIGAZ100 烟气分析仪如图 10-7 所示。

 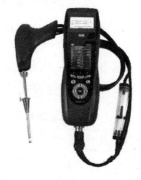

图 10-6　德国益康 EN2-F 遥控式精密便携烟气分析仪　　　图 10-7　KIGAZ100 烟气分析仪

四、电化学分析法优缺点

1. 优点

（1）坚固可靠的分析箱。

（2）小巧方便的手操器。

（3）便于维护保养的检修口。

（4）气体传感器易于更换。

（5）自动监控的冷凝槽。

2．缺点

（1）电化学感应器都有一个确定的测试范围，气体浓度如果高于或低于这个范围会导致测试结果不准确。

（2）电化学传感器通常运用的是氧化还原反应产生电流的原理。这一原理对很多气体是通用的。待测气体的交叉影响使检测结果不能反映待测气体的真实浓度。

（3）传感器的寿命问题，例如一氧化碳，最长寿命为 2 年，基本在 6 个月后灵敏度就会不断地下降。

综上所述，由于传感器本身及环境因素的影响，电化学传感器对于几个微升/升甚至几十个微升/升的 CO 气体几乎没有有效地测量结果，所以在烟气所含气体复杂，一氧化碳气体浓度微量的情况下不建议采用。

第四节　非分散红外吸收法

雨后的天空会出现彩虹，是我们经常看到的一种自然现象，但它实际上也是一种光谱。起初的人们并没有在意，因此对于它的研究也并没有展开，直到 17 世纪中叶牛顿证明了一束白光可以分为多种不同颜色的光，而这些光投影到一个屏幕上会出现一条从红色到紫色的光带，牛顿用"光谱"（spectrum）一词来描述这一现象，这是光谱科学研究开端的标志。

19 世纪初英国科学家 W. Herschel 将太阳光也分成了与牛顿"光谱"基本相同的光谱，然后将一支温度计通过这些不同颜色的光，同时将另外一支完全相同的温度计放在光谱带之外作为参考，此时当温度计从光谱的紫色末端向红色末端移动时，温度逐渐上升。更加令人惊讶的是当温度计移动到红色末端之后的区域时，温度计的读数还在上升，并且达到了最大值。这个试验的结果有表明：①这些白光分成的不同颜色的光能够产生热量；②红色可见光区域之外还存在有其他看不见的光谱存在，由于这种射线存在于红色可见光区之外而被称为红外线。19 世纪末期，Abney 和 Festing 首次将红外线应用到分子结构的研究。他们用 Hilger 光谱仪拍下了多种有机液体的 $0.7 \sim 1.2 \mu m$ 区域的红外吸收光谱。自此利用红外光谱进行物质分析和测量进入了迅速发展期。红外光谱法又称"红外分光光度分析法"，是分子吸收光谱的一种。当待测组分被红外光照射时，待测组分的分子会吸收红外光的能量，从而发生能级跃迁，不同的物质吸收的频率不同，每种分子只吸收与其分子振动、转动频率相同的红外光谱，所得到的吸收光谱一般称为红外吸收光谱，简称红外光谱"IR"。对红外光谱进行分析，可对被测物质进行定性和定量分析。

随着技术的不断发展，20 世纪 30 年代，德国人发明并首次使用了非分散红外气体分析仪（NDIR）。这种技术同红外光度法的主要区别是把一个滤光片加装在了气体吸收池和红外探测器之间，目的是将待测气体特征峰以外的红外能量过滤掉，只通过能够反映光谱光强变化的能量，从而可以减少不利影响，提高测定的准确性。在此之后，该类仪器得到了更加广泛的研究和使用，被应用于燃烧、污染、化工、炼油以及其他多个领域。这项技术已经被用来测量了超过 100 种不同的气体，但是 CO 却是该技术研究最多的气体。多年来对这项技术的不断改进使得这技术成为最成功通用的气体分析方法。

一、原理

光源发射出的红外光通过平面镜的反射被分成能量相同的两束平行光，然后被切光片交替切断，调制成断续的交变光，以减少信号源的漂移。其中一束光通过滤波室（内充 CO_2 和水蒸气，用以消除干扰）、参比室（内充不吸收红外光的气体），最后射入检测室，称为参比光束，其 CO 特征吸收波长光强度不变。另一束光通过滤波室、测量室，最后射入检测室，称为测量光束。当 CO 气态分子被红外辐射（$1\sim25\mu m$）照射时，将吸收自身特征波长的红外光，CO 对 $4.67\mu m$ 以及 $4.72\mu m$ 波长处的红外辐射有选择性吸收，使通过检测室的光强度减弱。在一定波长范围内，吸收值与 CO 的浓度呈线性关系（遵循朗伯-比尔定律），根据吸收值确定样品中 CO 的浓度。非分散红外吸收法原理如图 10-8 所示。

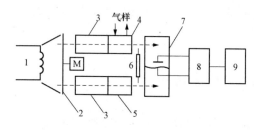

图 10-8　非分散红外吸收法原理示意图

1—红外光源；2—切光器；3—滤波室；4—测量室；

5—参比室；6—调零挡板；7—检测室；

8—放大及信号处理系统；9—指示表及记录仪

非分散红外吸收法就是利用待测气体对特定波长红外线的吸收进行分析，如果待测气体的浓度不同，吸收的辐射能不同，根据检测到的辐射能量的衰减程度就可间接测量出待测气体的浓度，也就是朗伯-比尔定律。

$$I = I_0 e^{-KCL}$$

式中　I——被介质吸收的辐射强度；

　　　I_0——红外线通过介质前的辐射强度；

　　　K——待测气体对辐射波段的吸收系数；

　　　C——待测气体的气体浓度；

　　　L——气室长度（待测气体层的厚度）。

在 I_0、K 和 L 确定的情况下，通过测量辐射能量的衰减 I，就可确定 CO 的浓度 C 了。

二、试验仪器

1. 便携式非分散烟气分析系统 GA-P

便携式非分散烟气分析系统 GA-P 相关技术参数见表 10-10。

表 10 - 10　　　　　　　便携式非分散烟气分析系统 GA - P 相关技术参数

仪器名称	便携式非分散烟气分析系统
生产厂名	德国 M&C
规格（型号）	GA - P
测试气体类型	CO
仪器原理	非分散红外法
分辨率	1%
精度	±1%
除尘	三级除尘过滤，$2\mu m$、$0.1\mu m$ 的 PTFE 精细过滤器、气溶胶过滤、除尘滤达到 99.99%
冷凝效率	144kJ/h
温度范围	0～200℃

便携式非分散烟气分析系统 GA - P 如图 10 - 9 所示。

2.TH - 2004H 型红外吸收法一氧化碳分析仪

TH - 2004H 型红外吸收法一氧化碳分析仪相关技术参数见表 10 - 11。

表 10 - 11　　　　TH - 2004H 型红外吸收法一氧化碳分析仪相关技术参数

仪器名称		红外吸收法一氧化碳分析仪
生产厂名		武汉市天虹仪表有限责任公司
规格（型号）		TH - 2004H
测试气体类型		CO
仪器原理		非分散红外法
测量范围		$0～50\mu L/L$
最低检出限		$0.1\mu L/L$
线性		±1%FS
示值误差		±1%FS
重现性		±1%
稳定性	24h零点漂移	$±0.1\mu L/L$
	24h20%零点漂移	±1%FS
	24h80%零点漂移	±1%FS
精密度	20%量程精密度	$≤0.5\mu L/L$
	80%量程精密度	$≤0.5\mu L/L$
响应时间		≤180s
环境温度变化影响		$≤0.3\mu L/L/℃$

TH-2004H 型红外吸收法一氧化碳分析仪如图 10-10 所示。

图 10-9 便携式非分散烟气分析系统 GA-P　图 10-10　TH-2004H 型红外吸收法一氧化碳分析仪

3. GXH-3011A1 便携式红外 CO 分析仪

GXH-3011A1 便携式红外 CO 分析仪相关技术参数见表 10-12。

表 10-12　　　　　GXH-3011A1 便携式红外 CO 分析仪相关技术参数

仪器名称	便携红外 CO 分析仪
生产厂名	北京市华云分析仪器研究所有限公司
规格（型号）	GXH-3011A1
测试气体类型	CO
仪器原理	非分散红外法
量程	CO：$0\sim50.0\mu L/L$ 或 $0\sim200.0\mu L/L$（可根据用户要求提供其他量程）
分辨率	$0.1\mu L/L$
线性度	$\leq\pm1\%FS$
重复性	$\leq0.5\%FS$
零点漂移	$\leq\pm1\%FS/h$
量程漂移	$\leq\pm1\%FS/3h$
响应时间	$\leq30s$
启动时间	$\leq30min$
抽气流量	$1.5L/min$
存储功能	≤5000 组测量数据

GXH-3011A1 便携式红外 CO 分析仪如图 10-11 所示。

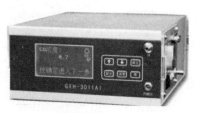

图 10-11　GXH-3011A1 便携式红外 CO 分析仪

三、非分散红外吸收法优缺点

1. 优点

（1）多通道测量，信噪较高。

（2）光通量高，仪器的灵敏度较高。

（3）波数值的精确度可达 0.01cm。

（4）增加动镜移动距离，可使分辨本领提高。

（5）工作波段能够从可见区延伸到毫米区，可以实现远红外光谱的测定。

（6）响应时间快，灵敏度高，可靠性好，抗干扰能力强。

2．缺点

（1）受外界影响波动大。

（2）由于被测气体成分复杂，具有一定的腐蚀性，长时间使用后气室极易被污染，直接影响测量精度。

（3）探测器需频繁校准，体积大及预热时间长。

（4）必须使用酸、催化剂和载气。

第五节　气相色谱法

气相色谱法具有较强的分离能力，而且配备有各种类型的高灵敏度鉴定器和其他色谱技术，能快速准确地测定低浓度 CO，同时也可以一机多用，检测其他污染物，因此，气相色谱法在气体检测中得到了较为广泛的应用。气相色谱分析仪是由载气源、流量控制器、进样装置、色谱柱、检测器、流量计、恒温箱、信号衰减器及记录仪等部件组成。

一、气相色谱工作原理

当一定量的待测气体在纯净载气（称为流动相）的携带下通过具有吸附性能的固体表面或具有溶解性能的液体表面（这些固体和液体称为固定相，固定相填充在一定长度的色谱柱中）时，由于固定相对于流动相所携带气样各组分的吸附能力或溶解度不同，气样中各成分在流动相和固定相中的分配情况也是不一样的，分配系数大的组分不易被流动相所带走，因而在固定相中停滞的时间较长；相反，分配系数小的组分在固定相中停留的时间较短。流动相与固定相做相对运动，气样中的各组分在两相中的分配在色谱柱长度上反复进行，多次分配之后使得即使分配系数只有微小差别的成分也能产生很大的分离效果，也就能使不同组分完全分离。分离后的各组分按时间上的先后次序由流动相带出色谱柱，进入检测器检测，并由记录仪记录

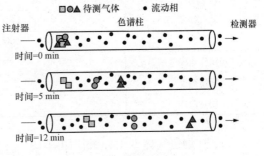

图 10 - 12　气相色谱原理图

下该组分的峰形，各组分的峰形在时间上的分布图称为色谱图。

二、试验仪器

1．Hp - 5890II 气相色谱仪

Hp - 5890II 气相色谱仪相关技术参数见表 10 - 13。

表 10 - 13　　　　　　　　　Hp - 5890II 气相色谱仪相关技术参数

仪器名称	气相色谱仪
生产厂名	安捷伦公司
规格（型号）	Hp - 5890II
测试气体类型	CO
仪器原理	气相色谱
柱箱操作温度范围	$-80\sim400℃$
载气纯度	N_2：$99.99\%\sim99.999\%$
	H_2：$99.9\%\sim99.99\%$
	空气：不应含有水、油及污染性气体
工作温度	$0\sim55℃$
工作湿度	$5\%\sim95\%$

Hp - 5890II 气相色谱仪如图 10 - 13 所示。

2. GC1690 烟道气体专用分析仪

GC1690 烟道气体专用分析仪相关技术参数见表 10 - 14。

表 10 - 14　　　　　　　GC1690 烟道气体专用分析仪相关技术参数

仪器名称	烟道气体专用分析仪
生产厂名	杭州科晓化工仪器设备有限公司
规格（型号）	GC1690
测试气体类型	CO
仪器原理	气相色谱
载气纯度	N_2：99.99%
	H_2：99.9%
	空气：不应含有水、油及污染性气体
柱箱操作温度范围	室温上 $15℃\sim399℃$（增量 $1℃$）
环境温度	$5\sim30℃$
相对湿度	$<85\%$

GC1690 烟道气体专用分析仪如图 10 - 14 所示。

图 10 - 13　Hp - 5890II 气相色谱仪　　图 10 - 14　GC1690 烟道气体专用分析仪

三、气相色谱法优缺点

1. 优点

（1）由于样品在气相中传递速度快，因此样品组分在流动相和固定相之间可以瞬间地达到平衡。

（2）可选作固定相的物质很多，因此气相色谱法是一个分析速度快和分离效率高的分离分析方法。

2. 缺点

（1）需手动进行采样分析，不能实现自动检测和自动控制。

（2）需要的相关附件比较繁琐。

（3）样品分析时间过长。

（4）体积较大。

第六节　CO 在线测试方法

在线 CO 测试技术的应用不仅要考虑不同监测方法对测试结果的影响，同时还要考虑安装位置、烟气处理方式、系统稳定性以及经济性等其他多个方面，针对不同的测试对象选择合适的测试手段。下面将从以系统安装位置以及烟气处理方式两个方面对在线式 CO 测试技术的应用进行分析。

一、系统安装位置

CO 在线测试系统的安装位置比较见表 10 - 15。

表 10 - 15　　　　　　　　　CO 在线测试系统安装位置比较

位置	优　点	缺　点	应　用
炉膛燃烧区域的上部	接近燃烧区域，监测到的 CO 浓度能够及时准确地反映炉内的燃烧情况，而且可以根据 CO 浓度的分布反映炉内燃烧的均匀性	炉膛体积较大，炉内流场复杂，需要布置大量的监测仪器，而且由于靠近燃烧区域，系统所处环境十分复杂，需要经常维护	利用多点激光吸收光谱测试系统对 300t/d 工业焚烧炉燃烧区域上部的 CO 浓度进行监测
炉膛出口	膛出口截面积较小，炉内烟气温度相对较低，因此测试仪器数量和维护都相对减少	距离 CO 生成区域有一段距离，对测试的实时性有一定影响	利用可协调激光吸收光谱监测系统对 140t/h 的燃煤蒸汽锅炉炉膛出口的 CO 浓度进行了测试
除尘器出口	烟道内烟气温度、烟尘浓度较低，流场均匀，对设备的要求低，维护方便	距离 CO 生成区太远，测试的 CO 浓度不能实时准确反映炉内的燃烧情况	利用吸收光谱监测系统对工业转炉电除尘器后的 CO 浓度进行测试
空预器入口	综合考虑多种因素，空预器入口是安装在线式 CO 监测系统的理想位置，而且电厂一般会在此处安装氧化锆的 O_2 分析仪，减少了设备的投入	距离 CO 生成区域太远，测试的 CO 浓度不能实时准确反映炉内的燃烧情况	

二、烟气处理方式

烟气处理方式分类见表 10 - 16。

表 10 - 16　　　　　　　　　　烟气处理方式分类

		定　义	比　　较
抽取式	直接抽取式	将被测烟气连续地进行抽取,经过采样过滤、加热保温、冷凝脱水和细过滤进入气体分析仪	直插式原位技术是烟道内的一点测量,而对射式原位技术相当于对烟道内一定区域进行测试,结果更具有代表性。对比抽取式和原位式处理方法,原位式不需要将烟气从烟道中抽取出来,不需样品传输,也不需要烟气的预处理,系统相对简单,不存在成分测试的时间滞后问题
	稀释抽取式	利用洁净干燥的空气对烟气进行稀释,通常稀释比例为 50:1～300:1	
原位式	直插式	将烟气分析仪器安装在烟道上,对烟气成分进行就地测量	
	对射式	在烟道两侧分别安装发射端和接收端仪器,基于横穿烟道内的特定波长的光束被烟气成分浓度成比例的削弱来监测成分浓度	

第十一章

烟气湿度测试技术

　　20 世纪 80 年代以来，我国工业化发展程度举世瞩目，但工业发展带来的环境问题同样严重，特别是大气污染问题，近年来全国范围内屡次出现雾霾、沙尘天气，严重影响了居民的日常生活以及身体健康。为了改善这种现状，国家逐渐加大了大气污染的防治力度，特别是 2014 年以来，李克强总理在政府工作报告中提出向雾霾宣战，坚定的表明了我国治理大气污染的决心和信心，这对我国大气环境监测与治理来说，既是机遇，也是挑战。控制工业大气环境污染的重点是对工业锅炉排放的烟气进行治理。烟气污染处理系统主要包括脱硫、脱硝以及除尘系统。在烟气治理过程中，由于化石燃料中含有氢元素，它在燃烧过程中会产生水汽，还有一些燃料中本身含有水分，此外有一些在烟气治理过程中使用了水，导致烟气中一般都含有一定量的水分，完全不含水蒸气的干烟气在工程应用中是不存在的。烟气湿度是烟气工况的重要参数之一，对于烟气处理系统有很大的影响。国家环保局规定的烟气排放值，必须是干烟气中的污染物浓度值或排放速率，为了修正到标准规定的排放值，必须实时测量烟气中的含湿量。因此，对烟气湿度的测量具有非常大的意义。

第一节　标准中关于湿度测试的要求

一、标准中关于湿度的几个定义

1. 烟气中的水分来源

（1）燃料以结合水或外在水的形式带来的水分在燃料燃烧过程中蒸发形成的水蒸气。

（2）燃烧时鼓入锅炉内的空气携带的水分。

（3）燃料中所含有的碳氢化合物在燃烧时被氧化生成的水。

2. 湿度表达形式

　　按照国家计量技术规范 JIF 1012—1987《常用湿度计量名词术语》，把液体或固体中水的含量定义为水分；把气体中水蒸气的含量定义为湿度。燃煤锅炉烟气中的水蒸气浓度范围通常为 5%～6%，与燃料种类及其工艺设备有关，通常有烟气的绝对湿度和相对湿度两种表达形式。

（1）烟气的绝对湿度。烟气的绝对湿度指的是烟气中所含的水蒸气的质量与绝热干烟气的质量之比 H(kg/kg)。烟气绝对湿度反映的是烟气中所含水分的绝对量。它可表示为

$$H = \frac{M_1}{M_2}$$

式中 M_1——烟气中水蒸气的质量，g；

M_2——烟气中干烟气的质量，g。

（2）烟气的相对湿度 RH。烟气的湿度与同温度下饱和湿烟气的湿度之比的百分数，即

$$RH = \frac{H}{H_1} \times 100\%$$

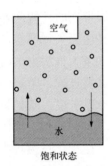 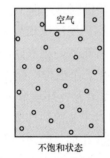

图 11-1　饱和状态与不饱和状态示意图

式中 H_1——烟气温度下的饱和湿烟气的湿度，%。

烟气的饱和状态与不饱和状态示意图如图 11-1 所示。

二、标准中关于湿度的测定要求

1. 采样孔

（1）在选定的测定位置上设采样孔，采样孔的内径应小于 80mm，采样孔管长应不大于 50mm。不使用时应用盖板、管堵或管帽封闭。

（2）对于正压下输送高温或有毒气体的烟道，应采用带有闸板阀的密封采样孔。

（3）对于圆形烟道，采样孔应设在包括各测点在内的相互垂直的直径线上。对于矩形或方形烟道，采样孔应设在包括各测点在内的延长线上。

2. 采样点的位置和数目

参照 HJ/T 397—2007《固定源废气监测技术规范》。

（1）圆形烟道。

1）将烟道分成适当数量的等面积的同心圆环，各测点选在各环等面积中心线与呈垂直相交的两条直径线的交点上，其中一条直径线应在预期浓度变化最大的平面内，如当测点在弯头后，该直径线位于弯头所在的平面 A—A 内。

圆形烟道采样点布置如图 11-2 所示。

2）直径小于 0.3m、流速分布比较均匀、对称并且满足一定的位置要求（第十章第一节二、CO 的测定要求），可选取烟道中心作为测点。

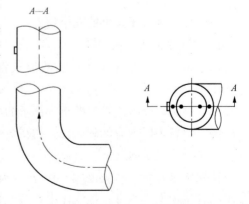

图 11-2　圆形烟道采样点布置

3）不同直径的圆形烟道的等面积环数、测量直径数及测点数见表 11-1，原则上不超过 20 个。

圆形烟道分环及测点数的确定方法见表 11-1。

表 11-1 圆形烟道分环及测点数的确定方法

烟道直径（m）	等面积环数	测量直径数	测点数
<0.3		1～2	1
0.3～0.6	1～2	1～2	2～8
0.6～1.0	2～3	1～2	4～12
1.0～1.2	3～4	1～2	6～16
2.0～2.4	4～5	1～2	8～20
>4.0	5	1～2	10～20

（2）矩形或方形烟道。

1）将烟道断面分成适当数量的等面积小块，各块中心即为测点。小块数量按下表 11-2 的规定选取，原则上测点不超过 20 个。

2）烟道断面积小于 $0.1m^2$，流速分布比较均匀，对称并且满足一定的位置要求（同第十章第一节二、CO 的测定要求），可选取烟道中心作为测点。

表 11-2 矩（方）形烟道的分块和测点数

烟道断面积（m²）	等面积小块长边长度（m）	测点总数
<0.1	<0.32	1
0.1～0.5	<0.35	1～4
0.5～1.0	<0.50	4～6
1.0～4.0	<0.67	6～9
4.0～9.0	<0.75	9～16
>9.0	≤1.0	16～20

第二节　电容式传感器测试法

电容式传感器指的是电容器与传感器的组合。它也是传感器的一种，因而也是由敏感元件、传感元件、测量电路组成。所不同的是，它以各种类型的电容器为传感元件，将被测物理量的变化转化为电容量的变化，再通过测量电路转换为电压、电流或频率，以达到检测或控制的目的。在以前，电容式传感器主要应用于位移、加速度、角度和振动等机械量的精密测量。现在多用于压力、压差、液位、成分含量以及湿度等方面的测量。它实质上是一种具有可变参数的电容器。其主要由上下两电极、绝缘体、衬底构成，在压力作用下，薄膜产生一定的形变，上下级间距离发生变化，导致电容变化，但

171

电容并不随极间距离的变化而线性变化，其还需测量电路对输出电容进行一定的非线性补偿。

一、分类

电容式传感器包括变极距型电容传感器、变面积型电容传感器、变介电常数型电容传感器三种基本类型。

二、测量原理

电容传感器利用电容器的原理，将非电量转换成电容量，进而达到非电量与电量进行转化的转换器或装置。传感器主要由湿敏电容和转换电路组成。湿敏电容传感器的结

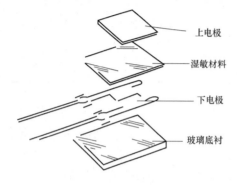

构如图 11-3 所示，它由玻璃底衬、下电极、湿敏材料、上电极几部分组成。两个下电极与湿敏材料、上电极构成的两个电容成串联连接。湿敏材料是一种高分子聚合物，它的介电常数会随着环境相对湿度的变化而变化。当环境湿度发生变化时，湿敏元件的电容量随之发生改变；当相对湿度增大时，湿敏电容量随之增大，反之则减小。传感器的转换电路把湿敏电容变化量转换成电压量变化，对应于相对湿度 0～100％的变化。

图 11-3 湿敏电容传感器结构

三、试验仪器

1. KDB-565C 烟气水分仪

KDB-565C 烟气水分仪相关技术参数见表 11-3。

表 11-3　　　　　　　KDB-565C 烟气水分仪相关技术参数

仪器名称	烟气水分仪
生产厂名	青岛科迪博电子科技有限公司
规格（型号）	KDB-565C
测试气体类型	H_2O
仪器原理	电容式传感器法
测量范围	0～20％（80％最大）
精度	±2％
响应时间（90％）	15s（带不锈钢烧结过滤器时）
工作温度范围	−40～180℃
储存温度	−40～80℃
工作环境相对湿度	0～100％

KDB-565C 烟气水分仪如图 11-4 所示。

2. XY-2061 型烟气水分仪

XY-2061 型烟气水分仪相关技术参数见表 11-4。

表 11 - 4　　　　　　　　　**XY - 2061 型烟气水分仪相关技术参数**

仪器名称	烟气水分仪
生产厂名	青岛鸿泽通科技有限公司
规格（型号）	XY - 2061
测试气体类型	H_2O
仪器原理	电容式传感器法
测量范围	0～100%（相对湿度）
精度	±2.5%
响应时间（90%）	15s（带陶瓷过滤器时）
工作温度范围	－20～＋180℃
储存温度	－40～＋70℃

XY - 2061 型烟气水分仪如图 11 - 5 所示。

图 11 - 4　KDB - 565C 烟气水分仪

图 11 - 5　XY - 2061 型烟气水分仪

四、电容式传感器测试法优缺点

1. 优点

（1）结构简单，适应性强。

（2）动态响应好。

（3）分辨率高。

（4）温度稳定性好。

（5）可实现非接触测量、具有平均效应。

2. 缺点

（1）输出阻抗高，负载能力差。

（2）寄生电容影响大。

（3）当外界条件发生变化时，滞后较大，重复性差。

第三节　阻容式传感器测试法

目前基于阻容法的烟气湿度仪是在线湿度测量中应该最为广泛、成熟的技术。阻容式传感器由高分子薄膜电容敏感元件和铂电阻温度传感器组成。

一、原理

阻容式湿度传感器是使用沉积在两个导电电极上的聚胺盐或醋酸纤维聚合物薄膜。当薄膜吸水或失水后，水蒸气穿过高分子薄膜电容湿敏元件的上部电极，达到高分子活性聚合物薄膜，烟气中的水蒸气被薄膜吸收的量值取决于周围烟气中水分的高低，因为传感器尺寸小，聚合物薄膜很薄，所以传感器可以对周围环境的变化做出快速反应，从而会改变传感器的两个电极间的介电常数。阻容法正是利用湿敏元件的电阻值和电阻率随环境湿度变化的特性，进行湿度测量。阻容式湿度传感器的工作原理为空气湿度改变引起敏感元件阻抗变化的特性。

二、试验仪器

1. HMS545P 便携式阻容法烟气水分仪

HMS545P 便携式阻容法烟气水分仪相关技术参数见表 11 - 5。

表 11 - 5　　　　　　HMS545P 便携式阻容法烟气水分仪相关技术参数

仪器名称	便携式阻容法烟气水分仪
生产厂名	南京埃森环境技术股份有限公司
规格（型号）	HMS545P
测试气体类型	H_2O
仪器原理	阻容法
测量范围	0～40%； 0～100%
测量精度	±2%
响应时间（90%）	≤30s
工作温度	10～55℃
工作湿度	0～100%RH

HMS545P 便携式阻容法烟气水分仪如图 11 - 6 所示。

2. JC508 - 2300C 便携式阻容法烟气水分仪

JC508 - 2300C 便携式阻容法烟气水分仪相关技术参数见表 11 - 6。

表 11 - 6　　　　JC508 - 2300C 便携式阻容法烟气水分仪相关技术参数

仪器名称	便携式阻容法烟气水分仪
生产厂名	南京埃森环境技术股份有限公司
规格（型号）	JC508 - 2300C
测试气体类型	H_2O
仪器原理	阻容法
测量范围	0～40%H_2O
测量精度	≤±1.5%FS
重复性	≤±1%
响应时间	T90（达到最终读数 90%处的时间）≤30s
输出接口	4～20mA、报警
样气温度	0～170℃

JC508-2300C 便携式阻容法烟气水分仪如图 11-7 所示。

图 11-6 HMS545P 便携式阻容法   图 11-7 JC508-2300C 便携式阻容法烟气水分仪

3. HJY-DP320 便携式烟气湿度仪

HJY-DP320 便携式烟气湿度仪相关技术参数见表 11-7。

表 11-7 　　　　　　　　 HJY-DP320 便携式烟气湿度仪相关技术参数

仪器名称	便携式烟气湿度仪	
生产厂名	上海久尹	
规格（型号）	HJY-DP320	
测试气体类型	H_2O	
仪器原理	阻容法	
测试范围	绝对湿度：0～40.0%	
	相对湿度：0～100%RH	
测量精度	＜±1.5%FS（综合精度，温度精度＜±0.5℃）	
重复性	＜±1%	
响应时间	T90（达到最终读数 90% 处的时间）≤15s	
分辨率	温度和露点 0.1℃，相对湿度和绝对湿度 0.1%	
环境湿度	＜80%RH	
工作温度	仪表：-10～50℃	
	探头：0～180℃	

HJY-DP320 便携式烟气湿度仪如图 11-8 所示。

图 11-8 HJY-DP320 便携式烟气湿度仪

三、阻容式传感器法优缺点

1. 优点

（1）该方法具有测量灵敏，方法简单，对其他气体无交叉干扰的优点。

（2）湿度测量范围较广，露点温度在−50～100℃均可测量，其优势在于基本上没有滞后和老化，温度系数较低，成本低，耗能小。同时可用于较广的温度范围内，在−50～180℃温度范围内，温度系数较小，因此可以很容易地在很宽的范围内达到准确测量。

（3）测量结果重复性优于1％RH，准确性较高，一般为±2％RH，在很窄的范围内可达±1％RH。阻容法测量烟气湿度具有广阔的发展前景。

2. 缺点

（1）该方法不足之处在于属于间接测量仪器，需定期校准，对某些污染物敏感，不能在腐蚀性的环境下工作；尽管很低，仍具有温度依赖性。

（2）不适用于低湿，相对湿度低于15％RH时丧失灵敏度，但当相对湿度接近100％RH时仍具有较好的性能，但冷凝有时会损坏传感器。

（3）有些污染物对电阻式传感器影响较大，有些则对电容式传感器影响较大。

第四节 干 湿 氧 法

一、原理

干湿氧法通过氧化锆检测器测定烟道的湿氧含量和在烟气分析仪中内置的氧传感器测定的经脱水后的干氧含量，根据标准换算方法可得到烟气湿度

$$X_{sw} = 1 - \frac{\Phi'(O_2)}{\Phi(O_2)}$$

式中　X_{sw}——烟气中水分含量，％；

$\Phi'(O_2)$——湿烟气中氧的体积分数，％；

$\Phi(O_2)$——干烟气中氧的体积分数，％。

二、试验仪器

1. HJY‐350干湿氧烟气湿度仪

HJY‐350干湿氧烟气湿度仪相关技术参数见表11‐8。

表11‐8　　　　HJY‐350干湿氧烟气湿度仪相关技术参数

仪器名称	干湿氧烟气湿度仪
生产厂名	久尹科技发展（上海）有限公司
规格（型号）	HJY‐350
测试气体类型	H_2O
测量原理	干湿氧
测量范围	0～50％/85％
分辨率	0.01％

续表

仪器名称	干湿氧烟气湿度仪
测量精度	<±1.5%FS
重复性	±1%
响应时间	T90（达到最终读数90%处的时间）<20s
使用温度	常规型：0～350℃
	高温型：0～500℃
	特殊型：0～650℃

HJY-350干湿氧烟气湿度仪如图11-9所示。

2.JY-2300干湿氧法烟气湿度分析仪

JY-2300干湿氧法烟气湿度分析仪相关技术参数见表11-9。

表11-9　　　　　　JY-2300干湿氧法烟气湿度分析仪相关技术参数

仪器名称	干湿氧法烟气湿度分析仪
生产厂名	上海久尹
规格（型号）	JY-2300
测试气体类型	H_2O
仪器原理	干湿氧法
测量范围	0～50%/85%
测量精度	≤±2%FS
重复性	≤±1%
响应时间	T90（达到最终读数90%处的时间）≤30s
样气温度	0～170℃

JY-2300干湿氧法烟气湿度分析仪如图11-10所示。

图11-9　HJY-350干湿氧烟气湿度仪　　　　图11-10　JY-2300干湿氧法烟气湿度分析仪

三、干湿氧法优缺点

1. 优点

具有操作简便、无需温度稳定的优势。

2. 缺点

（1）测量湿氧所安装的氧化锆的位置，与干氧采样器所处的位置一般存在一定的距离，导致干基氧和湿基氧的测点不一致，带来测量误差。

（2）采样方式会导致测量准确性的偏差。同时依据氧化锆的物理特性，如遇到工艺样气温度猝然变冷，或含有大量水蒸气时锆管容易炸裂，且不宜测量含有还原性气体的高温烟气。

第五节 激 光 光 谱 法

激光光谱是以激光为光源的光谱技术，是用来研究光与物质的相互作用，从而辨认物质及其所在体系的结构、组成、状态及其变化的理想光源。激光的出现使原有的光谱技术在灵敏度和分辨率方面得到很大的提高。由于已经能够获得强度极高、脉冲宽度极窄的激光，使对多光子过程、非线性光化学过程以及分子被激发后的弛豫过程的观察成为可能，并分别发展成为新的光谱技术。激光光谱学已成为与物理学、化学、生物学及材料科学等密切相关的研究领域。

半导体激光吸收光谱法（DLAS）实际上是由非分散红外吸收法（NIDR）衍生出来的，DLAS是用特定波长的激光束替代了红外线。

一、激光特性

激光特性见表 11 - 10。

表 11 - 10　　　　　　　　　**激 光 特 性**

特　性	原　因
单色性好	激光发射的各个光子频率相同，因此激光是最好的单色光源
相干性好	受激辐射的光子在相位上是一致的，再加之谐振腔的选模作用，使激光束横截面上各点间有固定的相位关系，所以激光的空间相干性很好（由自发辐射产生的普通光是非相干光）
方向性好	激光束的发散角很小，几乎是一平行的光线，激光照射到月球上形成的光斑直径仅有 1km 左右
亮度高	激光的亮度可比普通光源高出 $1 \times 10^{12} \sim 1 \times 10^{19}$ 倍，是目前最亮的光源，强激光甚至可产生上亿度的高温

二、分类

激光光谱分类见表 11 - 11。

表 11‐11 激光光谱分类

类 型	特 点
吸收光谱	激光用于吸收光谱,可取代普通光源,省去单色器或分光装置;激光的强度高,足以抑制检测器的噪声干扰,激光的准直性有利于采用往复式光路设计,以增加光束通过样品池的次数
荧光光谱	高强度激光能够使吸收物种中相当数量的分子提升到激发量子态,极大地提高了荧光光谱的灵敏度;以激光为光源的荧光光谱适用于超低浓度样品的检测
拉曼光谱	激光的高强度极大地提高了包含双光子过程的拉曼光谱的灵敏度、分辨率和实用性
高分辨激光光谱	高分辨激光光谱是研究原子、分子和离子结构的有力工具,可用来研究谱线的精细和超精细分裂、塞曼和斯塔克分裂、光位移、碰撞加宽、碰撞位移等效应
时间分辨激光光谱	是研究光与物质相互作用时瞬态过程的有力工具

三、原理

激光吸收光谱法测量烟气湿度的原理为利用激光能量被气体分子"选频"吸收形成吸收光谱测量气体浓度。由激光器发射出特定波长的激光束(仅能被被测气体吸收),穿过被测气体时,激光强度的衰减与被测气体浓度成一定函数关系,因此,通过测量激光强度衰减信息可分析获得被测气体的浓度。测量系统传感器结构如图11‐11 所示。

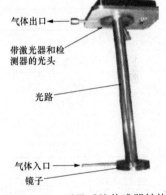

气体出口

带激光器和检测器的光头

光路

气体入口

镜子

图 11‐11 测量系统传感器结构

四、试验仪器

1. LGA‐4500 激光气体分析仪

LGA‐4500 激光气体分析仪相关技术参数见表 11‐12。

表 11‐12 LGA‐4500 激光气体分析仪相关技术参数

仪器名称	激光气体分析仪
生产厂名	聚光科技(杭州)股份有限公司
规格(型号)	LGA‐4500
测试气体类型	H_2O
仪器原理	激光光谱法
线性误差	≤±1%FS
量程漂移	≤±1%FS
重复性误差	≤±1%FS
预热时间	≤15min
测量响应时间	≤1s
样气压力	0.5~3bar(绝对压力)
样气温度	−30~140℃

LGA-4500 激光气体分析仪如图 11-12 所示。

2. LaserGas II SP 原位监测气体分析仪

LaserGas II SP 原位监测气体分析仪相关技术参数见表 11-13。

表 11-13　　　　　　　LaserGas II SP 原位监测气体分析仪相关技术参数

仪器名称	原位监测气体分析仪
生产厂名	挪威纳斯克
规格（型号）	LaserGas II SP
测试气体类型	H_2O
仪器原理	激光光谱法
H_2O 检出限	$50\mu L/L$
最高温度	1500℃
光程长度	0.5～20m（根据实际应用情况）
响应时间	1～2s
量程漂移	<2% FS
零点漂移	<1% FS
线性度	<1%
重复性	±检出限或读数的 1%（取较大值）
运行温度	−20～55℃
存储温度	−20～55℃

LaserGas II SP 原位监测气体分析仪如图 11-13 所示。

图 11-12　LGA-4500 激光气体分析仪　　　　图 11-13　LaserGas II SP 原位监测气体分析仪

3. LDS 6 激光分析仪

LDS 6 激光分析仪相关技术参数见表 11-14。

表 11-14　　　　　　　LDS 6 激光分析仪相关技术参数

仪器名称	激光分析仪
生产厂名	西门子
规格（型号）	LDS 6
测试气体类型	H_2O

续表

仪器名称	激光分析仪
仪器原理	激光光谱法
最小检测极限	$1\mu L/L$
精确度	在最小检测极限之上，好于读数的 2%
响应时间	$\leqslant 3s$
T90	$<1s$
线性偏差	<测量值的 1%
温度范围	操作工程中：5～45℃
	运输储存工程中：-40～70℃
湿度	<85%RH，在露点之上

LDS 6 激光分析仪如图 11-14 所示。

五、优缺点

1. 优点

（1）DLAS 技术使用谱宽非常小（单色性非常好）且波长可调谐的半导体激光器作为光源。

（2）不受背景气体交叉干扰。

（3）不受粉尘和视窗污染干扰。

（4）自动修正温度、压力对测量的影响。

图 11-14　LDS 6 激光分析仪

2. 缺点

（1）样品所产生的气体必然会被分散开来，甚至会被辅助电极材料的蒸汽排挤掉。

（2）不同振动峰重叠和拉曼散射强度容易受光学系统参数等因素的影响。

（3）在测定时，任何一种物质的引入都会对被测体体系带来某种程度的污染，这等于引入了一些误差的可能性，会对分析的结果产生一定的影响。

第六节　红外光度法

一、原理

目前红外光度法测试湿度的方式有两种：第一种利用红外线测量湿度早就有人提出，其工作原理是交流驱动的发射装置发出的红外线照到感湿元件上，经过感湿元件的反射后到达接收装置，由于感湿元件在不同湿度条件下其体积要发生变化，其体积的变化使得红外线的相位发生变化，检测红外线的相位就可以通过标定得到相应的湿度值。第二种，利用各种物质对红外光的吸收具有波长的选择性，例如 CO、H_2S，这是与物质内部的原子、分子或离子的能量跃迁有关，同样 H_2O 也不例外。水在近红外区域内有三个特性吸收峰，这三个吸收峰的红外线波长为 1.45、1.93、2.95μm。基于这个物理现象便可利用红外线进行湿度测量。

二、试验仪器

1. MCA10 - M 移动式高温红外多组分烟气分析仪

MCA10 - M 移动式高温红外多组分烟气分析仪相关技术参数见表 11 - 15。

表 11 - 15　　　MCA10 - M 移动式高温红外多组分烟气分析仪相关技术参数

仪器名称	移动式高温红外多组分烟气分析仪
生产厂名	德国福德士
规格（型号）	MCA10 - M
测试气体类型	H_2O
仪器原理	红外光度法
检测原理	GFC、IFC 两种技术结合的红外原理
检测器类型	高温红外
量程	0～40%
精度	±2%FS
响应时间	T95（达到最终读数 95% 处的时间）<2s
线性	±1%
分辨率	$0.01mg/m^3$
数据重复性	±1%
零点漂移	<1%/月
使用环境温度	5～40℃

MCA10 - M 移动式高温红外多组分烟气分析仪如图 11 - 15 所示。

2. CSY - Z 在线烟气水分仪

CSY - Z 在线烟气水分仪相关技术参数见表 11 - 16。

表 11 - 16　　　　　CSY - Z 在线烟气水分仪相关技术参数

仪器名称	在线烟气水分仪
生产厂名	深圳市深芬析仪器制造有限责任公司
规格（型号）	CSY - Z
测试气体类型	H_2O
仪器原理	红外光度法
测量范围	0～80%
测量精度	0<水分含量≤20%，≤±0.2%水分率； 20%<水分含量≤80%，≤±0.3%水分率
测量响应时间	≤50ms
使用环境温度	≤45℃
使用环境湿度	≤90%

CSY-Z在线烟气水分仪如图11-16所示。

图11-15　MCA10-M移动式高温
红外多组分烟气分析仪

图11-16　CSY-Z在线烟气水分仪

三、红外光度法优缺点

1. 优点

采用红外线进行测量湿度在很大程度上弱化了湿度测量中的问题。比如在滤光片与红外传感器之间的光路采用封闭形式，减小了灰尘的影响，不会因为灰尘沉积到传感器表面而影响探测。

2. 缺点

（1）该系统也还没有避开光学测量湿度的一般问题，因为普通的发光二极管和光电传感器不能满足要求而使得造价昂贵。

（2）在温度比较高的环境下不实用，因为LED18和PD24-03的温度使用范围有限，超过了它们的温度范围，整个系统就不能保证正常工作。

第七节　干　湿　球　法

早在18世纪人类就发明了干湿球湿度计，因此干湿球法是目前相对成熟的一种湿度测量方式。

一、原理

干湿球法是利用水蒸发会吸热进而降温，蒸发的快慢（即降温的多少）是和当时空气的相对湿度有关这一原理制成的。这种方法主要是两支温度计，其中一支温度计用白纱布包好，将纱布的另一端浸在水里，由于毛细作用使纱布保持潮湿，称作湿球。另一支未用纱布包裹而裸露置于空气中的温度计，称作干球（即表示大气环境的温度）。如果空气中水蒸气量没有饱和，湿球的表面便会蒸发水汽，并吸取热量，因此此时湿球所表示的温度要比干球低。空气越干燥（即湿度越低），蒸发越快，不断地吸取汽化热，使湿球所示的温度降低，因而与干球间的温差就会不断增大；相反，当空气中的水蒸气量呈饱和状态时，水便不再蒸发，也不吸取汽化热，湿球和干球所示的温度就会相等。最后通过测量干球温度和湿球温度，干湿球法测量湿度的计算公式或查表（见表11-17）求出相对湿度。

干湿球湿度计如图11-17所示，干湿球湿度计原理如图11-18所示。

图 11-17　干湿球湿度计

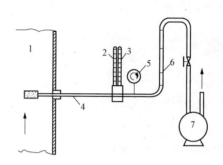

图 11-18　干湿球湿度计原理图
1—烟道；2—干球温度计；3—湿球温度计；4—保温采样管；
5—真空压力表；6—转子流量计；7—抽气泵

　　该方法是使用两支规格完全相同的温度计组成干湿球湿度计，一支称为干球温度计，用以测量环境温度，其示值用 t_w 表示；另一支称为湿球温度计，其示值用 t_s 表示。湿球温度计的温泡用湿球纱布套包裹，并与盛水的容器相连。纱布套上的水不断蒸发，吸收热量，从而使湿球温度下降。而湿球水蒸发的速度与其周围气体的水汽含量成某种函数关系，干湿球法测量湿度 U 的计算公式：

$$U = e_w - Ap(t_w - t_s)/e_s \times 100\%$$

式中　e_w——湿球温度下的饱和水汽压，Pa；

　　　e_s——干球温度下的饱和水汽压，Pa；

　　　A——干湿球系数；

　　　p——气体总压力，一般为 101325Pa。

温度与相对湿度对照表见表 11-17。

表 11-17　　　　　　　　　　　　温度与相对湿度对照表　　　　　　　　　　　　％

湿球温度（℃） ＼ 干球与湿球温度差（℃）	0	1	2	3	4	5	6	7	8	9	10	11	12	13	14	15
35	100	93	87	80	75	70	66	61	58	54	50	47	44	41	39	36
34	100	93	87	80	75	70	66	60	57	53	50	46	43	40	38	35
33	100	93	87	80	75	70	65	60	57	53	49	46	43	40	37	35
32	100	93	86	80	74	69	65	60	56	52	49	45	42	39	36	34
31	100	93	86	79	74	69	64	59	55	51	48	44	41	38	35	33
30	100	93	86	79	73	68	63	59	54	50	47	43	40	37	34	32
29	100	93	86	79	73	68	63	58	54	50	46	42	39	36	33	31
28	100	92	85	79	73	67	62	57	53	49	45	42	38	35	33	30
27	100	92	85	78	72	67	61	57	52	48	44	41	37	34	32	29
26	100	92	84	77	72	66	61	56	51	47	43	40	36	33	30	28
25	100	92	84	77	71	65	60	55	50	46	42	39	35	32	29	27

续表

干球与湿球温度差 (℃) 湿球温度 (℃)	0	1	2	3	4	5	6	7	8	9	10	11	12	13	14	15
24	100	92	84	77	71	65	59	54	49	45	40	38	34	30	28	26
23	100	91	83	76	70	64	58	53	48	44	40	36	33	30	27	24
22	100	91	83	76	69	63	57	52	47	43	39	35	32	29	26	23
21	100	91	83	75	68	62	56	51	46	42	38	34	30	27	24	22
20	100	91	82	75	68	61	55	50	45	40	36	33	29	26	23	20
19	100	91	82	74	67	60	54	49	44	39	35	31	28	24	22	
18	100	90	81	73	66	59	53	48	42	38	34	30	26	23	20	
17	100	90	81	73	65	58	52	46	41	36	32	28	25	21		
16	100	90	80	72	64	57	51	45	40	35	30	26	23	20		
15	100	89	80	71	63	56	50	43	33	33	29	25	21			
14	100	89	79	70	62	55	48	42	36	31	27	23	19			
13	100	89	78	69	61	53	46	40	35	30	25	21				
12	100	88	78	68	60	52	45	39	33	28	23	19				
11	100	88	77	67	58	50	43	37	31	26	21	17				
10	100	88	76	66	57	49	41	35	29	23	19					
9	100	87	75	65	55	47	39	33	26	21						
8	100	87	74	64	54	45	37	30	24	18						
7	100	86	73	62	52	43	35	28	21							
6	100	85	72	61	50	41	33	25	19							
5	100	85	71	59	48	39	30	23	16							
4	100	84	70	57	46	36	27	20								
3	100	84	68	56	44	34	24	16								
2	10	83	67	54	41	31	21									
1	100	82	66	51	39	28	18									
0	100	81	64	49	36	25	14									
−1	100	80	62	47	33	21										
−2	100	79	60	44	30	17										
−3	100	78	58	41	26											
−4	100	77	56	38	22											

二、测量的因素

影响干湿球法测量的因素见表 11-18。

表 11-18 　　　　　　　　　影响干湿球法测量的因素

因　　素	原　　因	应　对　措　施
通风速度	通风速度过低时，干湿球系数不稳定；过高时则容易造成过热。湿球温度的稳定时间与蒸发速度成反比，风速过高水蒸发太快，可能造成湿球温度稳定时间太短不便测量	控制通风速度
系统误差	构成干湿球的两只温度计的示值系统差会影响湿度示值	选用专业生产的配对电阻
湿球纱套	湿球纱套长时间使用会变质，从而使湿球的平衡温度发生漂移，干湿差变小	定期或及时更换纱套，尤其是在空气中或多或少的含有盐微粒的沿海或内陆盐碱地带

三、试验仪器

1. JH-60E 型自动烟尘烟气测试仪

JH-60E 型自动烟尘烟气测试仪相关参数见表 11-19。

JH-60E 型自动烟尘烟气测试仪如图 11-19 所示。

图 11-19　JH-60E 型自动烟尘烟气测试仪

表 11-19　JH-60E 型自动烟尘烟气测试仪相关参数

仪器名称	自动烟尘烟气测试仪
生产厂名	青岛精诚仪器仪表有限公司
规格（型号）	JH-60E
测试气体类型	H_2O
仪器原理	干湿氧法
工作量程	0～60%
分辨率	0.1%
准确度	≤±1.5%
响应时间	≤90s
稳定性	1h 内示值变化≤5%

2. 3012H-D 型烟尘尘/气测试仪

3012H-D 型烟尘测试仪相关参数见表 11-20。

表 11-20 　　　　　　　3012H-D 型烟尘/气测试仪相关参数

仪器名称	自动烟尘/气测试仪
生产厂名	青岛崂山应用技术研究所
规格（型号）	3012H 型（09 代）

仪器名称	自动烟尘/气测试仪
测试气体类型	H_2O
仪器原理	干湿氧法
工作量程	0～60%
分辨率	0.1%
准确度	≤±1.5%
响应时间	≤90s
稳定性	1h内示值变化≤5%

3012H-D型烟尘尘/气测试仪图如图6-1所示。

3. LB-70C自动烟尘烟气测试仪

LB-70C自动烟尘烟气测试仪相关参数见表11-21。

LB-70C自动烟尘烟气测试仪如图11-20所示。

表11-21 LB-70C自动烟尘烟气测试仪相关参数

仪器名称	自动烟尘烟气测试仪
生产厂名	青岛路博
规格（型号）	LB-70C
测试气体类型	H_2O
仪器原理	干湿氧法
工作量程	0～60%
分辨率	0.1%
准确度	≤±1.5%
响应时间	≤90s
稳定性	1h内示值变化≤5%

图11-20 LB-70C自动烟尘烟气测试仪

四、应用实例

对某电厂1、2号机组脱硫塔进行湿度测试的结果见表11-22。

表11-22 某电厂1、2号机组脱硫塔进行湿度测试的结果

项目	1号炉脱硫塔进口烟气湿度（%）	1号炉脱硫塔出口烟气湿度（%）	2号炉脱硫塔进口烟气湿度（%）	2号炉脱硫塔出口烟气湿度（%）
时段一	9.1	11.1	8.9	10.2
时段二	9.2	11.7	9.2	10.1
时段三	8.8	11.1	9.1	10.4
时段四	8.9	11.7	9.0	10.5

项目	1号炉脱硫塔进口烟气湿度（％）	1号炉脱硫塔出口烟气湿度（％）	2号炉脱硫塔进口烟气湿度（％）	2号炉脱硫塔出口烟气湿度（％）
时段五	9.0	11.8	8.9	10.3
时段六	8.7	11.9	8.8	10.4
时段七	8.8	11.3	8.7	10.2
时段八	8.9	11.4	8.8	10.5
时段九	8.5	10.8	8.9	10.3
时段十	8.7	10.9	9.3	10.4
标准偏差	0.20	0.37	0.18	0.13
相对标准偏差	2.2	3.3	2.0	1.2

通过对结果的分析得出，标准偏差在 0.13％～0.37％ 之间，相对标准偏差在 1.2％～3.3％ 之间，重复性和精密度都较高。

五、干湿球法优缺点

1. 优点

干湿球法测量湿度其优势在于维护相当简单，在实际使用中，只需定期给湿球加水及更换湿球纱布即可，随着使用寿命的增加，干湿球不会产生老化，精度下降等问题。

2. 缺点

（1）得到准确的测量结果需要某些技巧，并需要进行手工计算才能得到最终结果。

（2）要求大量的气体样品，并且气体样品有可能被湿纱布加湿，当被测气体的相对湿度低于 15％RH，要想使湿球温度得到足够的降低很困难。

（3）当湿球温度低于 0℃ 时，很难得到可靠的结果。

（4）由于要不断地给湿球温度计补充水，因此体积不可能太小。

（5）由于灰尘、油性物质或其他污染物会污染纱布，或者水流动不足，都会导致湿球温度偏高，最终导致的相对湿度结果偏高。

（6）对结果产生影响的因素还有温度测量误差、风速、辐射误差等。

（7）湿球温度度计必须处于通风状态，只有纱布水套、水质、风速都满足一定要求时，才能达到规定的准确度。

（8）干湿球法测量湿度的准确度在 5％RH～7％RH。

第八节 其 他 方 法

下面介绍三种测试精度较高，但由于现场使用条件较为苛刻，现场使用比较少的方法，主要包括重量法、冷凝露点法以及电解法。

一、重量法

重量法是从湿度定义出发，将待测气体中的水分通过物理等方法分离出来，并进行称量，计算得出湿度，该方法属于直接测量，因此准确性较高，重量法湿度计被公认为是准确度最高的绝对湿度测量方法。基于重量法测量的准确性，重量法可用于大多数测量设备的验证、校准工作。美国在这方面的工作开展得比较早，早在 60 年代初 NIST 就建成了重量法标准湿度计，作为检定各种湿度发生器的国家基准，其测量的混合比范围从 0.19～27mg/g（相应的露点温度范围－32～＋30℃），混合比的最大不确定度为 0.13％。日本在这一方面开展工作也比较及时，于 70 年代采用与 NBS 相同的方法，建立了一套重量法湿度计，混合比的最大不确定度为 0.11％。我国虽然开展时间比较晚，但是也建立了我国自己的湿度基准，其测量范围（混合比）为 0.2～15mg/g（相应的露点温度范围－30～＋20℃），混合比的最大不确定度为 0.31％。

1. 原理

重量法测湿度原理如图 11 - 21 所示。

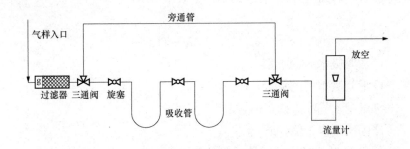

图 11 - 21 重量法测湿度原理

由烟道中抽取一定体积的烟气，通过冷凝管组件（冷凝管和 U 形干燥管）吸收的方法，烟气中水分被冷凝管组件吸收。冷凝管组件增加的质量即为已知体积烟气中含有的水分量。

可按下式计算气样中的水蒸气质量混合比：

$$r = m_v/m_n = \frac{m_v}{V \cdot \rho}$$

式中　　r——质量混合比，kg/kg；

　　　　m_v——水蒸气质量，kg；

　　　　m_n——干气质量，kg；

　　　　V——在室温 t 和大气压 p 时的干气体积，m³；

　　　　ρ——在室温 t 和大气压 p 时的干气密度，kg/m³。

2. 标准测量的步骤和方法

（1）型玻璃管的准备。作为吸收管的 U 形管必须经过仔细的清洗以便彻底除去灰尘和油污。为对 U 形管在空气中的浮力进行修正，装填干燥剂前必须测量 U 形管的外体积。为减小样气在流经五氧化二磷吸收管时的气阻和增加吸收表面积，在五氧化二磷中填充一些清洁的聚四氟乙烯环。

（2）U 形管外体积的测定。为修正 U 形管在称量过程中所受到空气浮力的影响，需要测定 U 形管的外体积。

（3）U 形管内空闲体积的测定。装填干燥剂后的 U 形管内会有一定的空闲体积，由于空气密度的变化，管内气体的质量也会发生变化，此外由于干燥剂吸水后体积膨胀而使管内空闲体积变小，致使前后两次称量的管内封闭气体质量不一样，因此需加以修正。

（4）称重法校准湿式流量计。将湿式流量计加蒸馏水至合适的位置，并放在恒温箱内，恒温箱设定的温度与日后做重量法时的温度保持一致，利用称重法校准湿式流量计。

（5）被测气体中水蒸气质量的测量。将 U 形吸收管按顺序串联接入系统，使待测气体以 1L/min 的流速进入吸收系统，脱水后的干燥气体进入经过校准的流量计。记录环境温度、湿度和大气压力，吸收结束后，将吸收管从系统中拆下送入天平室，待和天平室的温度平衡后，瞬间打开 U 形管的活塞，使管内的气体的压力与天平室的大气压力相平衡。

$$m_v = m_f - m_i + G_b + G_w + G_g$$

式中　m_f——U 形管吸水后的重量，g；

　　　m_i——U 形管吸水前的重量，g；

　　　G_b——称量中大气浮力修正值，g；

　　　G_w——砝码质量修正值，g；

　　　G_g——封闭在 U 形管内的气体质量的修正值，g。

3. 试验仪器

MDW-02 重量法烟气水分测量装置相关参数见表 11-23。

表 11-23　　　　　　　　MDW-02 重量法烟气水分测量装置相关参数

仪器名称	重量法烟气水分测量装置
生产厂名	吉纳波
规格（型号）	MDW-02
测试气体类型	H_2O
仪器原理	重量法
测量范围	0～40%/100%
流量准确度	±1.5%FS
最大工作流量	5L/min
推荐工作流量范围	1～4L/min
工作温度	0～+55℃
湿度	0～100%RH

MDW-02重量法烟气水分测量装置如图11-22所示。

图11-22　MDW-02重量法烟气水分测量装置

4. 优缺点

（1）优点。

1）重量法原理成熟，现场多工况的测试均表现稳定，测定结果重现性、准确性较高。

2）在低湿情况下适当延长采样时间，保证冷凝管中一定水分质量，适合用于精确度较高的测量。

（2）缺点。

1）重量法监测无法在现场获取监测数据，数据的实效性较差。

2）仪器结构复杂，携带不方便，对检测平台较高或较小的现场无法实施监测。

二、冷凝露点法

露点法是一种古老的湿度测量方法，随着科学技术的发展，露点技术逐渐趋于完善。现代的光电露点仪采用热电制冷，并且可以自动补偿零点和连续跟踪测量露点。高精度露点仪在一般湿度范围的测量准确度可达±1℃露点温度。

1. 原理

露点湿度计的原理可以通过一个简单的试验来说明：将一个光洁的金属表面放到相对湿度低于100％的空气中并使之冷却，当温度降到某一数值时，靠近该表面的相对湿度达到100％，这时将有露在表面上形成。因为在这个温度下空气中的水汽达到了饱和，冷表面附着的水膜和空气中的水分处于动态平衡，也就是说，在单位时间内离开和返回到表面上的水分子数相同，这就是 Regnault 原理。该原理可以叙述为：当一定体积的湿空气在恒定的总压力下被均匀降温，直到空气中的水汽达到饱和状态，该状态叫作露点；在冷却的过程中，气体和水汽两者的分压力保持不变。如果空气的温度是 T_a，露生成的温度为 T_d，则湿空气的相对湿度可以通过下式算出：

$$U = \frac{\text{在露点温度}(T_d)\text{时的饱和水气压(hPa)}}{\text{在原来温度}(T_a)\text{时的饱和水气压(hPa)}} \times 100\%$$

式中饱和水汽压的数值可以通过查表得到，水在不同温度下的饱和蒸气压见表11-24。

表 11 - 24 水在不同温度下的饱和蒸气压

温度 (t/℃)	饱和蒸气压 (×10⁵Pa)	温度 (t/℃)	饱和蒸气压 (×10⁵Pa)	温度 (t/℃)	饱和蒸气压 (×10⁵Pa)
0	0.61129	34	5.3229	68	28.576
1	0.65716	35	5.6267	69	29.852
2	0.70605	36	5.9453	70	31.176
3	0.75813	37	6.2795	71	32.549
4	0.81359	38	6.6298	72	33.972
5	0.87260	39	6.9969	73	35.448
6	0.93537	40	7.3814	74	36.978
7	1.0021	41	7.7840	75	38.563
8	1.0730	42	8.2054	76	40.205
9	1.1482	43	8.6463	77	41.905
10	1.2281	44	9.1075	78	43.665
11	1.3129	45	9.5898	79	45.487
12	1.4027	46	10.094	80	47.373
13	1.4979	47	10.620	81	49.324
14	1.5988	48	11.171	82	51.342
15	1.7056	49	11.745	83	53.428
16	1.8185	50	12.344	84	55.585
17	1.9380	51	12.970	85	57.815
18	2.0644	52	13.623	86	60.119
19	2.1978	53	14.303	87	62.499
20	2.3388	54	15.012	88	64.958
21	2.4877	55	15.752	89	67.496
22	2.6447	56	16.522	90	70.117
23	2.8104	57	17.324	91	72.823
24	2.9850	58	18.159	92	75.614
25	3.1690	59	19.028	93	78.494
26	3.3629	60	19.932	94	81.465
27	3.5670	61	20.873	95	84.529
28	3.7818	62	21.851	96	87.688
29	4.0078	63	22.868	97	90.945
30	4.2455	64	23.925	98	94.301
31	4.4953	65	25.022	99	97.759
32	4.7578	66	26.163	100	101.32
33	5.0335	67	27.347		

2. 测量

加温→镜面凝结→注入冷冻液→调整电流→维持温度→送样本气体→减小电流→镜面降温→显微镜观测到凝结露。为提高测量的精度和速度，可以使用光电系统监视露滴的生成与消退。

3. 取样方法

冷凝式露点仪采用导入式的取样方法。取样点必须设置在足以获得代表性气样的位置并就近取样。

取样阀选用体积小的针阀。取样管道选用长度不大于 2m、内径 2~4mm 的不锈钢管、紫铜管，壁厚不小于 1 mm 的聚四氟乙烯管等。管道内壁应光滑清洁。不允许使用高弹性材质的管道，如橡皮管、聚氯乙烯管等。

增大取样总流量，在气样进入仪器之前设置旁通分道，是提高测量准确度和缩短测量时间的有效途径。

环境温度应高于气样露点温度至少 3℃，否则要对整个取样系统以及仪器排气口的气路系统采取升温措施，以免因冷壁效应而改变气样的湿度或造成冷凝堵塞。

4. 影响露点仪测量精度的因素

(1) 凯尔文效应：镜面的结露温度低于真实的露点，其误差约为 1℃。

(2) 乌拉尔特效应：空气和镜面不干净，偏高。

(3) 部分压力效应：测试空间内外有压差。

(4) 判断镜面凝结相态：低于 0℃ 时必须判断相态。

(5) 操作失误。

5. 试验仪器

(1) DM70 便携露点仪。DM70 便携露点仪相关参数见表 11 - 25。

表 11 - 25　　　　　　　　　　　DM70 便携露点仪相关参数

仪器名称	便携露点仪
生产厂名	芬兰维萨拉
规格（型号）	DM70
测试气体类型	H_2O
仪器原理	露点法
湿度测量范围	0~100%RH
精度	±2%RH
分辨率	0.1%
响应时间	A 型探头：0→−40℃，20s；−40→0℃，10s
	B 和 C 型探头：0→−60℃，50s；−60→0℃，10s
工作温度	−10~40℃
存储量	2700 点

193

DM70 便携露点仪如图 11-23 所示。

（2）SHB7-6003 温湿度露点测量仪。SHB7-6003 温湿度露点测量仪相关参数见表 11-26。

表 11-26 SHB7-6003 温湿度露点测量仪相关参数

仪器名称	温湿度露点测量仪
生产厂名	北京中西远大科技有限公司
规格（型号）	SHB7-6003
测试气体类型	H_2O
仪器原理	露点法
测量范围	1%～99%RH
分辨率	0.1%RH
精确度	±3%RH（25℃，30%～99%RH） ±5%RH（25℃，1%～30%RH）
响应时间	45%～95%RH≤1min 95%～45%RH≤3min
操作温度	0～60℃
操作湿度	＜95%RH

SHB7-6003 温湿度露点测量仪如图 11-24 所示。

图 11-23　DM70 便携露点仪　　　　图 11-24　SHB7-6003 温湿度露点测量仪

（3）HP22-DP 便携式温湿度露点手持仪。HP22-DP 便携式温湿度露点手持仪相关参数见表 11-27。

表 11-27 HP22-DP 便携式温湿度露点手持仪相关参数

仪器名称	便携式温湿度露点测量手持仪
生产厂名	瑞士罗卓尼克
规格（型号）	HP22-DP
测试气体类型	H_2O
仪器原理	露点法

仪器名称	便携式温湿度露点测量手持仪
测量范围（可互换探头）	湿度范围：0～100%
	温度范围：−40～85℃，−100～200℃，（两种可选）
工作范围	湿度工作范围：0～100%
	温度工作范围：−10～60℃
传感器长期稳定性（湿度）	<1%/年
初始化时间	<2s
测量间隔	通常 1s（计算功能未启用）
允许风速	20m/s
数据存储	2000 个记录

HP22 - DP 便携式温湿度露点手持仪如图 11 - 25 所示。

（4）高精度冷镜式温湿度露点仪。高精度冷镜式温湿度露点仪相关参数见表 11 - 28。

表 11 - 28　　　　　　　高精度冷镜式温湿度露点仪相关参数

仪器名称	高精度冷镜式温湿度露点仪
生产厂名	Optidew Vision
测试气体类型	H_2O
仪器原理	露点法
测量范围	1 - 级：−30～90℃露点
	2 - 级：−40～90℃露点
	高温型：−20～130℃露点
测量精度	±0.2℃露点
	±0.1℃温度
	±0.15℃露点精度可选
分辨率	0.1 对应℃、℉和%RH，0.01 对应 g/m^3 和 g/kg
工作温度	环境−20～50℃

高精度冷镜式温湿度露点仪如图 11 - 26 所示。

图11 - 25　HP22 - DP 便携式温湿度露点手持仪　　　图 11 - 26　高精度冷镜式温湿度露点仪

（5）JCJ300Z 绝对湿度/露点测量仪。JCJ300Z 绝对湿度/露点测量仪相关参数见表 11 - 29。

表 11 - 29　　　　　　　　　　JCJ300Z 绝对湿度/露点测量仪相关参数

仪器名称	绝对湿度/露点测量仪
生产厂名	北京九纯健科技有限公司
规格（型号）	JCJ300Z
测试气体类型	H_2O
仪器原理	露点法
测量范围	0～100%RH
准确度	±2%RH（0～40%RH） ±3%RH（40%～90%RH）
分辨率	0.1%RH
响应时间	≤2min（环境温度 20℃，露点温度高于零下 20℃）
工作温度	环境－20～＋50℃

JCJ300Z 绝对湿度/露点测量仪如图 11 - 27 所示。

6. 冷凝露点法优缺点

（1）优点。

图 11 - 27　JCJ300Z 绝对湿度/露点测量仪

1）测湿精度高。

2）露点法是在低温下测湿的唯一有效方法。

3）预热时间短，减少现场工作时间。

4）较之电化学仪器，无使用寿命限制，无需每次标定，大大降低测试成本。

5）冷凝露点法测量烟气湿度，数据可靠。

（2）缺点。

1）需光洁度很高的镜面，精度很高的温控系统，以及灵敏度很高的露滴（冰晶）的光学探测系统。

2）使用时必须使吸入样本空气的管道保持清洁，否则管道内的杂质将吸收或放出水分造成测量误差。

3）露点温度检测的精度取决于湿镜表面与镜面下的铂电阻温度表之间的温度梯度的大小。

4）在夏季或是湿度较低的情况下，测量结果精确度较低。

5）价格较高，对操作人员要求较高，需要进行维护。

三、电解法

电解法是目前广泛应用的微量水分测量方法之一。这种方法是 Keidel 于 1956 年首先提出来的，此法提出之后即引起了人们巨大的兴趣，其原因在于这种方法不仅能达到非常低的测量限，更加重要的是由于它是一种绝对湿度的测量方法。这种建立在法拉第定律基础上的电解湿度计通常又称为库仑湿度计。

1. 原理

库仑湿度计的敏感元件是电解池，待测气体通过电解池时，其中的水汽被涂在电极上的五氧化二磷（P_2O_5）所吸收。湿度计的工作特点是气体连续通过电解池，其中的水汽被五氧化二磷全部吸收并电解。

反应方程式：

吸湿：

$$P_2O_5 + H_2O \longrightarrow 2HPO_3$$

电解：

$$4HPO_3 \longrightarrow 2H_2 + O_2 + 2P_2O_5$$

在一定的水分浓度和流速范围内，可以认为水分吸收的速度和电解的速度是相同的，也就是说，水分被连续地吸收同时连续地被电解，于是瞬时的电解电流可以看作是气体含水量瞬时值的体现。由于方法所要求的条件是通过电解池的气体中的水分必须全部被吸收，很显然，测量值会受到待测气体流速的影响，因此，对于某一个电解池不但有一个额定的流速，而且在测量时还需要保持流速恒定，并对流速进行准确的测量。知道了气体的流速和电解电流，我们便可以计算出待测气体的水分含量。

电解法测湿度的原理图如图 11-28 所示。

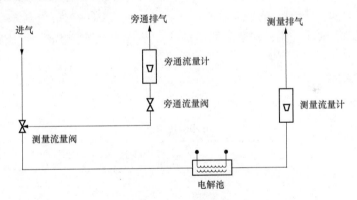

图 11-28　电解法测湿度的原理

计算方法：

$$I = \frac{QpT_0FV_r}{3p_0TV_0X} \times 10^{-4}$$

式中　I——电解电流，μA；

　　Q——气样流量，mL/min；

　　p——大气压，Pa；

　　T_0——273.15，K；

　　F——法拉第常数：$F=96485.309$，C/mol；

　　V_r——气样湿度体积比，$\mu L/L$；

p_o——101325，Pa；

T——环境温度，K；

V_o——摩尔体积，22.4，L/mol。

2. 结构

仪器由气路系统和电路两部分组成，气路系统主要包括电解池和气路控制系统。

（1）电解池。在玻璃管内部，两根铂（Pt）电极绕成双螺旋形，极间均匀地涂抹 P_2O_5 膜作为吸湿剂。在规定的测量状态下，这种内绕式结构能够确保使通过电解池内的水分被全部吸收和并且电解。玻璃池壁利于五氧化二磷涂层均匀。由于铂能够使生成的氢特别是富氢的气体和氧再次发生反应生成水，因此部分公司用铑代替铂。对于干燥的五氧化二磷涂层，当通入"绝对干燥"的气样，并在电极上施加一适当的直流电压时，电路中将产生一个不大的电流"本底值"。本底值的大小只与电解池的结构、涂层状况、温度及气样种类等有关，而和气样含水量无关。由于本底值总是又能加在气样所含水分的电解电流上，故测定时应从仪器读数中扣除本底值后方为介质的真实含水量。

Pt - P_2O_5 电解池外形如图 11 - 29 所示。

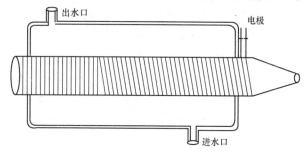

图 11 - 29　Pt - P_2O_5 电解池外形

（2）气路控制系统。气路控制系统由控制阀、电解池、流量调节阀和流量计、干燥器等部分组成。气流路径的控制由控制阀完成。

3. 试验仪器

Water Boy 电解法湿度分析仪相关参数见表 11 - 30。

表 11 - 30　　　　　　　　**Water Boy 电解法湿度分析仪相关参数**

仪器名称	电解法湿度分析仪
生产厂名	meeco
规格（型号）	Water Boy
测试气体类型	H_2O
仪器原理	电解法
工作温度	$-20\sim60℃$
精度	读数的 $\pm5\%$ 或 $0.4\mu L/L$，取大值
量程	$0\sim1000\mu L/L$，解析度为 $0.1\mu L/L$（100cc 流量单位）、 $0\sim5000\mu L/L$，解析度为 $1\mu L/L$（10cc 流量单位）
测量下限	$1\mu L/L$

Water Boy 电解法湿度分析仪如图 11 - 30 所示。

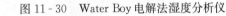

4. 优缺点

（1）优点。属绝对测量法，稳定，不漂移。

（2）缺点。

1）电解池寿命有限，需要再生。

2）高湿或低湿状态下均会缩短其寿命。

3）低湿条件下响应慢。

4）该方法对气体流量要求较高。

图 11 - 30　Water Boy 电解法湿度分析仪

5）不能用于某些腐蚀性气体以及能与 P_2O_5 发生反应的气体。

各种湿度计性能汇总见表 11 - 31。

表 11 - 31　　　　　　　　各种湿度计性能汇总

传感器类型	绝对湿度或相对湿度测量	测量范围		显示单位	取样方式
		湿度	温度		
薄膜电容式	相对	接近于 0～100%	−30～60℃	%	传感器
电阻式	相对	5%～99%	−30～60℃	%	传感器
干湿球	相对	5%～100%	0～100℃	%	浸入式
机械式	相对	20%～80%	接近于室温	%	浸入式
电解式	绝对	1～1000μL/L	接近于室温	μL/L	流动的气体

第九节　烟气湿度在线测试方法

烟气湿度的在线测量又能够称为在线烟气含水量或含湿量测量。燃煤锅炉烟气中的水蒸气主要来源于燃烧中的游离水和燃烧时产生的水。

烟气含水量在线监测的难度主要是被测烟气的温度较高，一般为 80～150℃，烟气含尘量较大，一般为 50～200mg/m³，腐蚀性强，烟气中 SO_2 会与水形成亚硫酸，含水量大，一般为 5%～15%，一般的湿度传感器耐腐蚀性能不强，不能够用于烟气含水量的检测。

国外对烟气含水量在线测量多数采用氧化锆测干湿氧的计算法。然而近些年，世界范围内在湿敏传感器耐磨腐蚀技术上有所突破，用湿敏传感器测量烟气含水量的方法也得到了快速的推广。国内 CEMS 已经开始配套使用湿敏传感器的烟气水分仪。另外，标准还规定可以对 CEMS 输入烟气含水量，即可以采用手工分析烟气湿度的方法，将测量的平均数据输入 CEMS。但是，从 CEMS 的技术发展要求来看，通过手工分析、计算输入烟气含水量的方法并不符合实时监测及排放总量对于准确度的要求。因此，为确保烟气污染物排放浓度及排放总量的准确性，必须在烟气 CEMS 中实时连续监测烟气含水量。

某电厂在线湿度值与离线湿度值的比对见表 11‑32。

表 11‑32　　　　　　　　　某电厂湿度在线与离线测量值比对

时段	在线湿度值（%）	离线湿度值（%）	标准偏差（%）	相对标准偏差（%）
时段一	7.196	7.0	0.10	1.38
时段二	7.190	7.0	0.10	1.34
时段三	7.168	6.9	0.13	1.91
时段四	7.202	6.9	0.15	2.14
时段五	7.199	6.9	0.15	2.12
时段六	7.223	7.3	0.04	0.53
时段七	7.254	7.3	0.02	0.32
时段八	7.238	7.3	0.03	0.43

通过数据对比，标准偏差在 0.02%～0.15% 之间，相对标准偏差在 0.32%～2.14% 之间，表明该烟气湿度在线测试方法准确度较高。

参 考 文 献

[1] 蒋文举. 烟气脱硫脱硝手册 [M]. 北京：化学工业出版社，2007.

[2] 王永征. 电力用煤燃烧污染物协同析出与排放特性研究 [D]. 山东：山东大学，2007.

[3] 王森. 在线分析仪器手册 [M]. 北京：化学工业出版社，2008.

[4] 胡兰青. 浅谈在线仪表. 科技情报开发与经济，2011，21（9）：223.

[5] 刘进雄，曾令大. 锅炉尾部烟道脱硝技术 [C]. 火电厂环境保护综合治理技术研讨会. 2009.

[6] Environmental Protection Agency. EPA METHOD 8A-Determination of sulfuric acid vapor or mist and sulfur dioxide emissions from kraft recovery furnaces [S]. USA：EPA.

[7] Environmental Protection Agency. EPA METHOD 8-Determination of sulfuric acid and sulfuric dioxide emissions from stationary sources [S].

[8] 郭阳，李媛，汪永威，等. SCR 脱硝系统烟气中 SO_3 测试采样方法对比研究 [J]. 电力建设，2013，34（6）：69-72.

[9] VAINIO E, FLEIG D, BRINK A, et al. Experimental Evaluation and Field Application of a Salt Method for SO_3 Measurement in Flue Gases [J]. Energy Fuels，2013，27（5）：2767－2775.

[10] Cooper, David. SO_3 emissions；measurement；flue gases；NaCl；Controlled Condensation [J]. 2003.

[11] SONNENFROH D M, ALLEN M G, RAWLINS W T, et al. Pollutant emission monitoring using QC laser-based mid-IR sensors [J]. Proceedings of SPIE-The International Society for Optical Engineering，2001，4199：86-97.

[12] 崔厚欣. 吸收光谱法在实际应用中的关键问题的研究 [D]. 天津：天津大学，2006.

[13] 霍尔，J.L. 激光光谱学 Ⅲ [M]. 北京：科学出版社，1985.

[14] 邹得宝. 基于可调谐激光吸收光谱技术测量逃逸氨的关键问题研究 [D]. 天津：天津大学，2012.

[15] 周巧丽，郭鹏然，潘佳钏，等. 活性炭富集-电热塞曼原子吸收光谱法测定水中痕量的汞 [J]. 分析化学，2016（8）：1270-1276.

[16] 程蓓. 电厂烟气一氧化碳检测技术及应用 [J]. 安徽电气工程职业技术学院学报，2005，10（3）：54-57.

[17] 程蓓. 采用 O_2 和 CO 信号控制燃烧的方案 [J]. 安徽电气工程职业技术学院学报，2003，8（1）：10-13.

[18] 许传凯. 燃煤锅炉燃烧优化技术——烟气中一氧化碳的检测 [J]. 热力发电，1989（2）：55-60.

[19] 裘立春，张建华. 基于 CO 的燃煤锅炉燃烧优化 [J]. 浙江电力，2005，24（3）：10-12.

[20] 余昆，马述蓉. 影响奥氏气体分析仪测定准确性的因素 [J]. 粮食加工，2011，36（2）：80-82.

[21] 吴永红. 如何正确使用奥氏气体分析仪吸收测定烟气中 CO_2、O_2、CO [J]. 新疆有色金属，2013（S1）：131-132.

[22] 吴洪明，范中强. 用气相色谱分析烟道气中 O_2、CO 及 CO_2 含量的方法 [J]. 华北石油设计，2001（3）：28-29.

[23] 吴洪明，范中强，高丽娟. 烟道气中 O_2、CO 及 CO_2 含量的气相色谱分析方法 [J]. 西安石油大

学学报自然科学版，2002，17（4）：70－73.

［24］孙宇峰，黄行九，刘伟，等．电化学 CO 气体传感器及其敏感特性［J］．传感器与微系统，2004，23（7）：14－17.

［25］仇石，刘光逊，关胜．关于提高便携式 NDIR 烟气分析仪工作效率的探索［J］．天津科技，2015（1）：25－26.

［26］孙亦鹏，曹红加，张清峰．电厂烟气 CO 检测技术的应用［J］．电站系统工程，2012（6）：41－43.

［27］陈劲，段发阶，佟颖，等．遗传规划用于非分散红外吸收光谱的 CO 浓度测量［J］．光谱学与光谱分析，2011，31（7）：1758－1761.

［28］余倩，陈新汧，余林，等．对一氧化碳气体快速检测的方法研究［J］．中国安全科学学报，2005，15（6）：105.

［29］杨焕楣．大气中一氧化碳的检测方法［J］．石油与天然气化工，1983（2）：34－40.

［30］周刚，王强，钟琪，等．固定污染源烟气湿度测量方法研究［J］．中国科技成果，2014（5）：25－28.

［31］郑向阳．从含湿气体的热物理特性分析锅炉烟气潜热的利用［J］．工业锅炉，2006（1）：16－20.

［32］周灵辉，杨凯，谢馨，等．干湿球法测量烟气湿度的准确性探讨［J］．环境科学与管理，2011，36（10）：125－127.

［33］林敏，于忠得，侯秉涛．HS1100/HS1101 电容式湿度传感器及其应用［J］．仪表技术与传感器，2001（10）：44－45.

［34］丁喜波．电容式湿度传感器测试方法与测试系统研究［D］．哈尔滨：哈尔滨理工大学，2005.

［35］康志茹，李小婷．不同湿度测量方法的比较及分析［J］．计量技术，2006（6）：40－41.

［36］王森．烟气排放连续监测系统（CEMS）［M］．北京：化学工业出版社，2014.

［37］周灵辉，杨凯，谢馨，等．不同烟气含湿量测量方法比较与分析［J］．环境监测管理与技术，2012，24（1）：66－69.

［38］钟声峙，顾亚雄，赖晓斌，等．基于红外线的湿度测量［J］．仪器仪表用户，2006，13（5）：158－159.

［39］梁兴忠，张炯，林振强，等．关于干湿球法测量湿度的几点讨论［J］．计量技术，2007（7）：68－69.

［40］刘从平．燃煤锅炉烟气含湿量的探讨［J］．中国环境监测，1999，15（3）：30－33.

［41］田毅．湿度测量标准——重量法湿度计［J］．山西科技，2007，2（2）：143－144.

［42］焦源，张宝宁，杜鹃，等．露点法在气相样品微量水测定中的应用［J］．河南化工，2016，33（2）：57－58.

［43］陈振林，王进才．微量水分测量方法及其比较［J］．工业计量，2002，12（1）：36－38.

［44］田仪芳，蒋世伟，潘菊美．烟气含湿量测试方法的对比试验［J］．建筑热能通风空调，1984（3）：36－38.

［45］谢馨，柏松．定电位电解法测定烟气中 SO_2 的干扰问题及解决方法［J］．环境监控与预警，2010，2（5）：25－26.

［46］李春英，张宝成．《氧化锆氧分析器》计量检定规程的修订势在必行［J］．计测技术，2003，4：37－39.

［47］藤岛昭相泽井上．电化学测定方法［M］．北京：北京大学出版社，1989.

［48］《空气和废气监测分析方法指南》编委会．空气和废气监测分析方法指南（上册）［M］．北京：
中国环境科学出版社，2006．

［49］周君富，郭芳珍，钱志军，等．一氧化氮等自由基对吸烟者损害效应的研究［J］．中国公共卫
生，1997，13（2）：90‐92．

［50］宋晓春，张玉红，刘珍．空气中氮氧化物的测定及问题研究［J］．环境保护，1999，2：28‐30．

［51］王康丽，严河清，刘军，等．氮氧化物电化学传感器［J］．武汉大学学报（理学版），2003，49
（4）：428‐432．

［52］曾凡刚．大气环境监测［M］．北京：化学工业出版社，2003．

［53］王玉萍，杜涛，杜萍萍，等．NO→NO₂氧化管氧化效率的研究——改进的 Saltzman 法［J］．中
国环境监测，1994，10（2）：20‐23．

［54］朱立军，戴亚，谭兰兰，等．化学发光法测定卷烟主流烟气中的氮氧化物［J］．2005，1：33‐
37．

［55］徐映如，王丹霞，张建文，等．PM10 和 PM2.5 危害、治理及标准体系的概况［J］．职业与健
康，2013，29（1）：117‐119．

［56］冯建儿，韩鹏．基于滤膜称重法的大气颗粒物自动检测仪［J］．计算机与现代化，2013，7：95‐
98．

［57］秦臻．一种 20mg/m³ 光散射法粉尘仪样机的研制［D］．南京：南京理工大学，2013．